理工系 微分方程式
解き方から基礎理論への入門

宇佐美広介・齋藤保久・原下秀士
眞中裕子・和田出秀光
共著

培風館

本書の無断複写は，著作権法上での例外を除き，禁じられています。
本書を複写される場合は，その都度当社の許諾を得てください。

はじめに

　本書は主に理工系・医薬系の学生を対象にした微分方程式の入門書である．予備知識として仮定しているのは大学1, 2年次に学ぶ (または学んだ) 微分積分学・線形代数学等の基礎的な内容である．

　各章の内容について簡単に紹介しよう．

　第1章から第4章までは具体的に解を書き下すことができる微分方程式の解法を詳細に述べた．特に，線形方程式・連立線形方程式を詳細に解説した．これらは理工系・医薬系の学生ならばぜひとも習得すべき事項である．

　一方，第5章以降はやや発展的な内容を扱った．第5章は工学・物理学等に現れるベッセルの方程式・ルジャンドルの方程式を主たる題材として，べき級数による解法やスツルム・リウヴィル問題を紹介した．第6章はラプラス変換による線形方程式・連立線形方程式の解法を詳説した．第7章は特殊な (しかし応用科学上は頻出する) 力学系という連立微分方程式の性質を概説した．さらに，巻末には公式集をおいて読者の便を図っている．

　なお，紙数の制約のため，本書に書ききれなかったラプラス変換の発展的な内容や付章として用意していた内容 (本書で用いた微分積分学・線形代数学のいくつかの結果と微分方程式論のいくつかの基礎定理の厳密な証明) はウェブページを用意し，そこにおくことにした．ぜひ参考にしてほしい．

　微分方程式の歴史はほとんど微分積分学そのものの歴史であろう．実際，古典力学の創始者かつ微分積分学の創始者の一人であるニュートンは，力学的現象を (現在からみると) 微分方程式にあたるものを用いて考察している．爾来，微分方程式の理論は物理学・工学のみならず化学 (例えば反応速度論)，数理生態学，公衆衛生学，経済学等にまで応用され，その理論構築と現実的・社会的な諸問題解決への強力な武器であることが認識されている．

　このように，多様な分野を学ぶ学生諸君が容易に微分方程式を学べることを

めざして，本書においては，できるだけ丁寧な解説と，多くの練習問題を提供することに力点をおいて執筆に励んだ．本書を通じて読者が微分方程式論を十分に習得し，活用し，さらにこれに親しみをもってくれることを期待している．

　最後に，本書の企画から出版に至るまで終始お世話になりました培風館の斉藤 淳氏，原稿の校正において細部まで目を通して下さいました岩田誠司氏をはじめとする編集部の方々に心から感謝申し上げます．

　　2016 年 10 月

著者らしるす

培風館のホームページ

　　http://www.baifukan.co.jp/shoseki/kanren.html

の本書のページに，本文中で省略した内容の補足解説が与えられているので，参考にして有効に活用していただきたい．

目　次

1. **1 階微分方程式** — 1
   - 1.1 微分方程式と解 — 1
   - 1.2 初期値問題 — 3
   - 1.3 変数分離形 — 5
   - 1.4 変数分離形に帰着できる形 — 8
   - 1.5 同次形の微分方程式 — 10
   - 1.6 同次形に帰着できる形 — 13
   - 1.7 1 階線形微分方程式 — 15
   - 1.8 ベルヌーイ型の微分方程式 — 18
   - 1.9 クレロー型の微分方程式 — 19
   - 1.10 完全微分方程式 (完全形) — 21
   - 1.11 積 分 因 子 — 24

2. **2 階微分方程式** — 29
   - 2.1 1 階に帰着できる 2 階微分方程式 — 29
   - 2.2 2 階線形微分方程式の解の存在と一意性 — 33
   - 2.3 2 階線形微分方程式の解の 1 次独立性 (ロンスキー行列式を用いた判定法) — 35
   - 2.4 2 階線形微分方程式の解空間 (一般解の形) — 40
   - 2.5 2 階線形微分方程式の解空間 (非斉次項を含む場合) — 42
   - 2.6 2 階線形微分方程式の解の求め方 — 43

3. **定数係数線形微分方程式** — 52
   - 3.1 定数係数線形微分方程式とは — 52
   - 3.2 2 階定数係数線形微分方程式 (斉次形) — 53
   - 3.3 微分演算子 — 55
   - 3.4 斉次形の定数係数線形微分方程式 — 58

3.5 非斉次形の定数係数線形微分方程式 61
3.6 オイラー型の微分方程式 73

4. 定数係数連立線形微分方程式 77
4.1 斉次形の定数係数連立線形微分方程式 77
4.2 斉次形の定数係数連立線形微分方程式の平衡点とその安定性 . 88
4.3 非斉次形の定数係数連立線形微分方程式 91

5. べき級数による解法 95
5.1 べき級数とその基本的な性質 95
5.2 べき級数解の存在とルジャンドルの微分方程式 98
5.3 ベッセルの微分方程式とベッセル関数 103
5.4 スツルム・リウヴィル問題と固有関数の直交性 108

6. ラプラス変換 117
6.1 ラプラス変換の定義とその基本的性質 117
6.2 $f(t)$ の積分のラプラス変換 120
6.3 $f(t)$ の微分のラプラス変換 122
6.4 指数関数のラプラス変換とその応用 124
6.5 三角関数のラプラス変換とその応用 128
6.6 定数係数線形常微分方程式の "解き方" 133
6.7 有理関数の原像の求め方 138
6.8 ラプラス変換による解法の吟味 144

7. 力学系 162
7.1 力学系の基本的性質 162
7.2 相平面解析 167
7.3 平衡点の周りでの線形近似 169
7.4 周期解 178

定義および公式集 184
　微 分 法 184
　積 分 法 185
　常微分方程式の解法集 186

問と章末問題の解答 187

索　引 199

1
1階微分方程式

本章では，微分方程式についての基本的な用語の説明の後，変数分離形，同次形，1階線形微分方程式，ベルヌーイの微分方程式，完全微分方程式などの，解くことができる基本的な1階微分方程式についてその解法を紹介する．

1.1 微分方程式と解

独立変数を x とし，その関数 y を考える．y は x の関数であるから $y(x)$ と表すこともある．(独立変数として t を用いることもあるが，ここでは x を用いて解説する．) $y = y(x)$ の1階の導関数 (微分) を y' と書き，n 階の導関数を $y^{(n)}$ などと書く．y が n 回微分可能で $y^{(n)}$ が連続関数となる関数は C^n-級関数とよばれ，C^n-級関数全体の集合は C^n と書かれる．

次の方程式で与えられるものを，**n 階の常微分方程式**という．
$$F(x, y, y', \cdots, y^{(n)}) = 0 \qquad (1.1)$$
ただし，F は $(n+2)$ 変数関数で，$y^{(n)}$ は必ずこの方程式に含まれているとする．n をこの微分方程式の**階数**という．
さらに，$y^{(n)}$ が $x, y, y', \cdots, y^{(n-1)}$ の関数の形，すなわち次の形
$$y^{(n)} = G(x, y, y', \cdots, y^{(n-1)}) \qquad (1.2)$$
で表せるとき，この形の微分方程式を**正規形**という．

常微分方程式を単に，微分方程式とよぶこともある．

> **定義 1.1** 与えられた微分方程式を満たす，x の関数 y をその**微分方程式の解**という．y を x の陽関数として表しづらいこともある．そのときは陰関数 (つまり x と y の方程式) を解としてもよい．

微分方程式の解はただ一つとは限らない．たいていは多くの解をもつ．ほとんどの場合，n 階の微分方程式であれば，n 個の独立した任意定数をもつ解が存在する．そのため次のような用語が用いられる．

> **定義 1.2** n 階の微分方程式について，n 個の自由度 (n 個の独立した任意定数) をもつ解のことを**一般解**とよぶ．その定数に特別な実数を代入して得られる解を**特殊解**という．また，特殊解として得られない解のことを**特異解**という．

○**例 1.1** 微分方程式
$$y'' = -9y$$
を考える．まず
$$y = C_1 \cos 3x + C_2 \sin 3x \quad (C_1, C_2 \text{ は任意定数})$$
は解であることが確認できる．これは，2 階の微分方程式で 2 つの独立した任意定数をもつ解であるから，一般解である．$\cos 3x$ も解であるが，上の一般解で $C_1 = 1, C_2 = 0$ として得られる解であるから $\cos 3x$ は特殊解である．同様に $\sin 3x$ も特殊解である．この微分方程式に対しては，特異解は存在しないことが知られている． □

○**例 1.2** 微分方程式
$$(y')^2 - xy' + y = 0$$
を考える．まず，C を任意定数として
$$y = Cx - C^2$$
は解であることが確かめられる．定数は階数の個数 (1 つ) だけあるので，これは一般解である．一方，

$$y = \frac{x^2}{4}$$

も解であることが確かめられる．C にどのような値を入れてもこの解は得られないので，この解は特異解である． □

1.2　初期値問題

> x_0 および $k_0, k_1, \cdots, k_{n-1}$ を与えられた定数とする．n 階の微分方程式 (1.1) の解で，条件
> $$y(x_0) = k_0,\ y'(x_0) = k_1,\ y''(x_0) = k_2,\ \cdots,\ y^{(n-1)}(x_0) = k_{n-1} \tag{1.3}$$
> を満たすものを求めることを**初期値問題**という．(1.3) を**初期条件**，x_0 を**初期時刻 (初期点)**，$k_0, k_1, \cdots, k_{n-1}$ を**初期値**とよぶ．

もっとも簡単な微分方程式
$$y' = f(x) \tag{1.4}$$
を用いて初期値問題を考えてみよう．(1.4) は微分積分学の基本定理により，解は積分を用いて
$$y = \int f(x)\,dx$$
と求めることができる．$P(x)$ を $f(x)$ の一つの原始関数とすれば，解は
$$y = P(x) + C \quad (C \text{ は任意定数})$$
と書ける．(1.4) に初期条件 $y(x_0) = k$ を加えた初期値問題の解は，C を $k - P(x_0)$ とした解であることがわかるであろう．

例題 1.1　微分方程式
$$y'\sqrt{x^2 + 9} - 1 = 0$$
を解け．また，初期条件 $y(4) = 0$ を加えた初期値問題の解も求めよ．

[解答例] 正規形に直すと $y' = \dfrac{1}{\sqrt{x^2+9}}$ である．微分積分学の基本定理により

$$y = \int \frac{1}{\sqrt{x^2+9}}\, dx.$$

次の式で t を定め，置換積分法で求める．

$$\sqrt{x^2+9} = t - x$$

2乗して x について解くと $x = \dfrac{t^2-9}{2t}$．また，$dx = \dfrac{t^2+9}{2t^2}\, dt$ を得る．よって

$$y = \int \frac{2t}{t^2+9}\frac{t^2+9}{2t^2}\, dt = \int \frac{1}{t}\, dt = \log|t| + C \quad (C \text{ は任意定数})$$

となる．$t = x + \sqrt{x^2+9} > 0$ であるから，求める解は

$$y = \log\bigl(x + \sqrt{x^2+9}\bigr) + C$$

である．

$y(4) = 2\log 3 + C$ であるから，初期条件 $y(4) = 0$ より $C = -2\log 3$ を得る．よってこの初期値問題の解は

$$y = \log\bigl(x + \sqrt{x^2+9}\bigr) - 2\log 3$$

である． □

式 (1.4) の左辺を 2 次の導関数にした微分方程式

$$y'' = f(x)$$

も同じように解くことができる．解は積分を用いて

$$y = \iint f(x)\, dx dx$$

と求めることができる．その一つの解を $Q(x)$ としたとき，他の解は

$$y = Q(x) + C_1 x + C_0 \tag{1.5}$$

となることがわかるであろう．$y(x_0) = k_0,\ y'(x_0) = k_1$ を加えた初期値問題の解は，(1.5) に x_0 を代入して C_0, C_1 を求めることにより得ることができる．実際，

$$C_1 = k_1 - Q'(x_0), \quad C_0 = k_0 - (k_1 - Q'(x_0))\, x_0 - Q(x_0)$$

と求まる．n 階の微分方程式 $y^{(n)} = f(x)$ についても同様である．

このもっとも単純な微分方程式が積分操作を用いて解くことができたように，これから扱う微分方程式の多くも，求積法で解くことができるのである．ここで，

> **求積法**とは，四則演算，関数の合成，積分操作，微分操作を有限回用いて解を既知関数を用いて書き下す方法のことである．

問 1.1 次の微分方程式を解け．

(1) $y' = \cos 3x$
(2) $y' - \sin(-6x) = 0$
(3) $y' - \sec^2(2x) = 0$
(4) $y' - \csc^2(4x) = 0$
(5) $y' - \dfrac{2x}{x^2+9} = 0$
(6) $(x^2+9) \cdot y' - 1 = 0$
(7) $y' + \dfrac{2x}{\sqrt{25-x^2}} = 0$
(8) $y' - \dfrac{1}{\sqrt{25-x^2}} = 0$
(9) $y'\sqrt{25+x^2} - 1 = 0$
(10) $y' - \sqrt{4x^2+1} = 0$

1.3　変数分離形

さて，これからさまざまな形の微分方程式の解き方を学んでゆく．最初に，変数分離形とよばれる形の微分方程式を扱う．

> 正規形が次のように書ける微分方程式を**変数分離形**という．
> $$y' = f(x)g(y)$$
> ただし，$g(y) \neq 0$ とする．

この場合，両辺を $g(y)$ で割って
$$\frac{1}{g(y)} y' = f(x),$$
両辺を x で積分すると
$$\int \frac{1}{g(y)} y' \, dx = \int f(x) \, dx.$$
ここで左辺は，$y' \, dx = \dfrac{dy}{dx} dx = dy$ を用いると

$$\int \frac{1}{g(y)}\,dy$$

となる．よって

$$\int \frac{1}{g(y)}\,dy = \int f(x)\,dx$$

が得られた．左辺は y の関数，右辺は x の関数であるから，x と y の関係式 (陰関数) が得られたことになり，これは与えられた微分方程式の解となる．もし (必要ならば式変形をして) 陽関数の形 $y = (x\text{の関数})$ に表せる場合は，そちらを答えたほうがよい．

例題 1.2 定数 a に対し，次の微分方程式を解け．

$$y' = ay$$

[解答例]　$y \neq 0$ を満たす解は

$$\frac{1}{y}y' = a.$$

両辺を x で積分して

$$\int \frac{1}{y}y'\,dx = \int a\,dx.$$

ここで，

$$\text{左辺} = \int \frac{1}{y}\,dy = \log|y| + C_1 \quad (C_1\text{は任意定数}),$$

$$\text{右辺} = \int a\,dx = ax + C_2 \quad (C_2\text{は任意定数})$$

より，

$$\log|y| = ax + C_3 \quad (C_3\text{は任意定数}).$$

したがって，求める解は

$$y = Ce^{ax} \quad (C = \pm e^{C_3})$$

である．ここで C は 0 でない実数すべてをとりうる．

$y = 0$ を満たす解として，定数関数 $y = 0$ がある．これは上の解で $C = 0$ としたものであるから，まとめると

$$y = Ce^{ax} \quad (C\text{は任意定数})$$

1.3 変数分離形

が解である． □

例題 1.3 次の微分方程式を解け．

$$y' = \sin x \cdot \cos^2 y$$

[解答例] $\cos y \neq 0$ を満たす解は

$$\frac{1}{\cos^2 y} y' = \sin x.$$

両辺を x で積分して

$$\int \frac{1}{\cos^2 y} y' \, dx = \int \sin x \, dx.$$

ここで

$$\text{左辺} = \int \frac{1}{\cos^2 y} \, dy = \tan y + C_1 \quad (C_1 \text{ は任意定数}),$$

$$\text{右辺} = \int \sin x \, dx = -\cos x + C_2 \quad (C_2 \text{ は任意定数})$$

より，

$$\tan y = -\cos x + C \quad (C \text{ は任意定数})$$

が求める解である．

$\cos y = 0$ を満たす解として，定数関数 $y = \dfrac{\pi}{2}(2n+1)$ (n は整数) がある． □

最後に特異解をもつ微分方程式も扱ってみよう．通常，特異解まで求めることは要求されないが，このような例があることは知っておいてもよいであろう．

例題 1.4 次の微分方程式を解け．

$$y' = 4x\sqrt{y+1}$$

[解答例] $y \neq -1$ を満たす解は，両辺を $2\sqrt{y+1}$ で割り，

$$\frac{1}{2\sqrt{y+1}} y' = 2x.$$

次に両辺を x で積分すると

$$\int \frac{1}{2\sqrt{y+1}} y' \, dx = \int 2x \, dx.$$

置換積分法より，左辺は
$$\int \frac{1}{2\sqrt{y+1}} y' \, dx = \int \frac{1}{2\sqrt{y+1}} \, dy$$
である．積分を実行し
$$\sqrt{y+1} = x^2 + C \quad (C \text{ は任意定数})$$
を得る．したがって
$$y = (x^2 + C)^2 - 1$$
が求める解 (一般解) である．

　定数関数 $y = -1$ も解である．これは，上の一般解の定数 C に特定の値を代入して得られる解ではないので，特異解である． □

問 1.2 次の微分方程式を解け．
(1) $y' = \dfrac{4x(1+y^2)}{1+x^2}$　　(2) $y' + 3y = 6$　　(3) $y' = \dfrac{e^{x-y}}{y}$

1.4　変数分離形に帰着できる形

a, b, c を定数とし，次の形の微分方程式を考える．
$$y' = f(ax + by + c)$$

　$b = 0$ のときは $y' = f(ax + c)$ となり求積法で求めることができるので，以後は $b \neq 0$ とする．
$$u = ax + by + c$$
とおくと，$u = u(x)$ は x の関数となり，微分可能で，
$$u' = a + by'$$
より，
$$y' = \frac{u' - a}{b}$$
である．よって与えられた微分方程式から，u の微分方程式

1.4 変数分離形に帰着できる形

$$\frac{u' - a}{b} = f(u)$$

が得られる．変形して

$$u' = bf(u) + a. \tag{1.6}$$

これは変数分離形の微分方程式であるので，次のように解くことができる．

$$\frac{1}{bf(u) + a} u' = 1$$

両辺を x で積分して

$$\int \frac{1}{bf(u) + a} \, du = x + C \quad (C \text{ は任意定数}).$$

この左辺の積分を求めて，u と x の方程式を得る．これは (1.6) の解である．さらに，$u = ax + by + c$ を代入して，y と x の関係式を得る．これが求める微分方程式の解である．なお，$bf(u_0) + a = 0$ となる定数 u_0 に対して $u \equiv u_0$ も方程式 (1.6) の解である．よって $y = \dfrac{-ax - c + u_0}{b}$ ももとの方程式の解である．

例題 1.5 次の微分方程式を解け．

$$y' = x + y + 1$$

[解答例] $u = x + y + 1$ とおいて，$u' = 1 + y'$ だから

$$u' - 1 = y' = x + y + 1 = u.$$

よって

$$\frac{u'}{u + 1} = 1.$$

両辺を x で積分して

$$\int \frac{1}{u + 1} \, du = \int 1 \, dx.$$

$$\therefore \quad \log|u + 1| = x + C_1 \quad (C_1 \text{ は任意定数})$$

これから，$u = x + y + 1$ を代入し

$$x + y + 2 = Ce^x \quad (C = \pm e^{C_1})$$

を得る．また，$u \equiv -1$ に対応して $y = -x - 2$ も解である．これは上の解で $C = 0$ としたものである． □

問 1.3 次の微分方程式を解け．
(1) $y' = -(x + y + 1)^2$ (2) $y' = (2x + 3y)^2$

1.5 同次形の微分方程式

正規形に変形したとき
$$y' = f\left(\frac{y}{x}\right) \tag{1.7}$$
の形に書ける微分方程式を**同次形**という．

この微分方程式は $u = \dfrac{y}{x}$ とおき，次のように解くことができる．

ここで u は x の関数 $u = u(x)$ である．$y = xu$ だから $y' = u + xu'$．これより，式 (1.7) は u についての 1 階微分方程式に表せる．
$$u + xu' = f(u)$$
正規形に直すと
$$u' = \frac{1}{x}(f(u) - u).$$
これは，u についての変数分離形の微分方程式であるから，次のように解くことができる．
$$\frac{u'}{f(u) - u} = \frac{1}{x}$$
両辺を x で積分して
$$\int \frac{u'}{f(u) - u}\,dx = \int \frac{1}{x}\,dx.$$
$$\therefore \quad \int \frac{1}{f(u) - u}\,du = \log|x| + C \quad (C \text{ は任意定数})$$

なお，$f(u_0) - u_0 = 0$ となる定数 u_0 に対して $y = u_0 x$ も (1.7) の解である．

1.5 同次形の微分方程式

例題 1.6 次の微分方程式を解け.

$$(x^2 - y^2)y' = 2xy$$

[解答例] 正規形に直すと

$$y' = \frac{2xy}{x^2 - y^2} = \frac{2\left(\dfrac{y}{x}\right)}{1 - \left(\dfrac{y}{x}\right)^2}.$$

$u = \dfrac{y}{x}$ とおいて, $u = u(x)$ についての微分方程式に書き換えると

$$u + xu' = \frac{2u}{1 - u^2}.$$

よって

$$xu' = \frac{2u}{1 - u^2} - u = \frac{u + u^3}{1 - u^2}. \tag{1.8}$$

u が 0 をとらないときは

$$\frac{1 - u^2}{u + u^3} u' = \frac{1}{x},$$

両辺を x で積分して

$$\int \frac{1 - u^2}{u + u^3} \, du = \log|x| + C_1 \quad (C_1 \text{ は任意定数}).$$

ここで, 左辺は

$$\int \frac{1 - u^2}{u + u^3} \, du = \int \left(\frac{1}{u} - \frac{2u}{1 + u^2}\right) du$$
$$= \log|u| - \log(1 + u^2) + C_2.$$

したがって, 求める解は $\log\left|\dfrac{y}{x}\right| - \log\left(1 + \dfrac{y^2}{x^2}\right) = \log|x| + C_3$ より

$$y = C(x^2 + y^2) \quad (C \text{ は } 0 \text{ でない定数}).$$

なお $u = 0$ も (1.8) の解であるので, $y = 0$ も解となる. これは上で $C = 0$ としたものなので, 解は

$$y = C(x^2 + y^2) \quad (C \text{ は任意定数})$$

となる. □

例題 1.7 次の微分方程式を解け.
$$y' = \frac{3x^2 + 5xy - 2y^2}{4x^2 + xy + y^2}$$

[解答例] 上式を次のように変形すると同次形であることがわかる.
$$y' = \frac{3 + 5\left(\frac{y}{x}\right) - 2\left(\frac{y}{x}\right)^2}{4 + \left(\frac{y}{x}\right) + \left(\frac{y}{x}\right)^2}$$

$u = \dfrac{y}{x}$ とおくと, $y' = u + xu'$ だから, 与式は
$$u + xu' = \frac{3 + 5u - 2u^2}{4 + u + u^2}.$$

よって
$$xu' = \frac{3 + u - 3u^2 - u^3}{4 + u + u^2}. \tag{1.9}$$

u が $\pm 1, -3$ をとらない解については
$$\frac{4 + u + u^2}{3 + u - 3u^2 - u^3} u' = \frac{1}{x},$$

両辺を x で積分して
$$\int \frac{4 + u + u^2}{3 + u - 3u^2 - u^3} \, du = \int \frac{1}{x} \, dx.$$

ここで
$$\int \frac{4 + u + u^2}{3 + u - 3u^2 - u^3} \, du = -\int \left\{ \frac{3}{4(u-1)} - \frac{1}{u+1} + \frac{5}{4(u+3)} \right\} du$$
$$= -\frac{3}{4} \log|u-1| + \log|u+1| - \frac{5}{4} \log|u+3| + C_1$$

(C_1 は任意定数). よって
$$3 \log|u-1| - 4 \log|u+1| + 5 \log|u+3| = -4 \log|x| + C_2$$

を得て,
$$\frac{(u-1)^3 (u+3)^5 x^4}{(u+1)^4} = C_3 \quad (C_3 = \pm e^{C_2}).$$

$u = \dfrac{y}{x}$ であったから

$$\left(\frac{y}{x}-1\right)^3\left(\frac{y}{x}+3\right)^5 x^4 = C_3\left(\frac{y}{x}+1\right)^4.$$

したがって

$$(y-x)^3(y+3x)^5 = C_3(y+x)^4$$

が求める解である．なお $u \equiv \pm 1, -3$ も (1.9) の解なので，$y = \pm x, -3x$ も解となる． □

問 1.4 次の微分方程式を解け．

(1) $xy' = x + y$ (2) $x^2 y' = x^2 + xy + y^2$ (3) $y' = \dfrac{y-x}{y+x}$

(4) $xy' = (y-x)^3 + y$ (5) $x \cdot y' \cdot \cos\left(\dfrac{y}{x}\right) = y \cdot \cos\left(\dfrac{y}{x}\right) + x$

問 1.5 放物曲線の族 $y = Cx^2$ (C は任意定数) について直交曲線をすべて求めよ．ここで，曲線の族が与えられているとき，その各曲線とすべての交点で直交している曲線を，その曲線の族の**直交曲線**という．

1.6 同次形に帰着できる形

本節では，同次形に帰着できる微分方程式として，
$$(ax + by + c)\,dx = (\alpha x + \beta y + \gamma)\,dy$$
を考える．(ただし，$a, b, c, \alpha, \beta, \gamma$ は定数) 正規形に変形すると
$$\frac{dy}{dx} = \frac{ax + by + c}{\alpha x + \beta y + \gamma}. \tag{1.10}$$

連立方程式

$$\begin{cases} ax + by + c = 0, \\ \alpha x + \beta y + \gamma = 0 \end{cases}$$

の解を $x = s, y = t$ とし，変数変換 $X = x - s, Y = y - t$ を用いる．$\dfrac{dX}{dx} = 1, \dfrac{dY}{dy} = 1$ だから，(1.10) はこの変数 X, Y について

$$\frac{dY}{dX} = \frac{aX + bY}{\alpha X + \beta Y} = \frac{a + b\left(\frac{Y}{X}\right)}{\alpha + \beta\left(\frac{Y}{X}\right)}$$

となる. これは $Y = Y(X)$ について, 同次形の微分方程式である.

例題 1.8 次の微分方程式を解け.
$$(2x - y + 1)\,dx = (x - 2y + 5)\,dy$$

[解答例]　連立方程式
$$\begin{cases} 2x - y + 1 = 0, \\ x - 2y + 5 = 0 \end{cases}$$

を解くと, $x = 1, y = 3$ である. この解より, 変数変換 $X = x - 1, Y = y - 3$ とおくと, 与えられた式は
$$\frac{dY}{dX} = \frac{2X - Y}{X - 2Y} = \frac{2 - \left(\frac{Y}{X}\right)}{1 - 2\left(\frac{Y}{X}\right)}.$$

これは $Y = Y(X)$ について同次形だから, $u = \dfrac{Y}{X}$ とおいて,
$$u + Xu' = \frac{2 - u}{1 - 2u}$$

より,
$$Xu' = \frac{2 - u}{1 - 2u} - u = \frac{2 - 2u + 2u^2}{1 - 2u}.$$

$$\therefore \quad \frac{1 - 2u}{1 - u + u^2} u' = \frac{2}{X}$$

両辺を X で積分して
$$\int \frac{1 - 2u}{1 - u + u^2}\,du = \int \frac{2}{X}\,dX$$

より
$$-\log|1 - u + u^2| = 2\log|X| + C_1 \quad (C_1 \text{ は任意定数}).$$

$$\therefore \quad X^2 \left(1 - \frac{Y}{X} + \frac{Y^2}{X^2}\right) = C_2 \quad (C_2 = \pm e^{-C_1})$$

$$\therefore \quad X^2 - XY + Y^2 = C_2$$

さらに, $X = x - 1, Y = y - 3$ であったから

1.7 1階線形微分方程式

$$(x-1)^2 - (x-1)(y-3) + (y-3)^2 = C_2.$$

整理して

$$x^2 - xy + y^2 + x - 5y = C \quad (C = C_2 - 7)$$

となる. □

問 1.6 微分方程式 $(3x + 2y - 5)y' = 2x - 3y + 1$ を解け.

1.7　1階線形微分方程式

> 次の形をした微分方程式を **1階線形微分方程式** とよぶ.
> $$y' + P(x)y = Q(x) \tag{1.11}$$
> ただし, $P(x), Q(x)$ は連続関数とする.

上の微分方程式の $Q(x)$ は **非斉次(非同次)** 項とよばれる. (1.11) は, 非斉次項が恒等的に 0 (つまり $Q(x) \equiv 0$) のとき **斉次(同次) 1階線形微分方程式** とよび, そうでないとき **非斉次1階線形微分方程式** という. ここでは, 二通りの解法を紹介する.

1階線形微分方程式の解法 (その1)

まず, $P(x)$ を積分し, それを $r(x)$ とおく.

$$r(x) = \int P(x)\,dx$$

式 (1.11) の両辺に $e^{r(x)}$ をかけた式

$$e^{r(x)}y' + e^{r(x)}P(x)y = e^{r(x)}Q(x)$$

を考えると, 左辺は $\{e^{r(x)}y\}'$ に等しいことがわかる. したがって

$$\{e^{r(x)}y\}' = e^{r(x)}Q(x)$$

が得られた. 両辺を x で積分し

$$e^{r(x)}y = \int e^{r(x)}Q(x)\,dx + C \quad (C \text{ は任意定数})$$

が得られ，両辺を $e^{r(x)}$ で割ることにより，
$$y = e^{-r(x)} \left(\int e^{r(x)} Q(x)\,dx + C \right)$$
と解を求めることができる．

1 階線形微分方程式の解法 (その 2) (定数変化法)

式 (1.11) において $Q(x) \equiv 0$ としたとき，これを式 (1.11) の**補助方程式**という．すなわち，補助方程式は，
$$y' + P(x)y = 0 \tag{1.12}$$
である．

<u>ステップ 1</u>：まず，補助方程式
$$y' + P(x)y = 0$$
を解く．これは変数分離形だから 1.3 節の手法で解ける．
$$\frac{y'}{y} = -P(x)$$
の両辺を x で積分し
$$\int \frac{1}{y} y'\,dx = -\int P(x)\,dx.$$
したがって
$$\log|y| = -r(x) + C \quad (\text{ただし，} r(x) = \int P(x)\,dx,\ C\text{は任意定数}).$$
よって，補助方程式の解は
$$y = A e^{-r(x)} \quad (A \text{は任意定数}).$$
補助方程式の解を**余関数**という．

<u>ステップ 2</u>：次に，余関数を用いてもとの方程式
$$y' + P(x)y = Q(x)$$
を解く．以下の方法は**定数変化法**とよばれる．

$y = A e^{-r(x)}$ において，A を関数 $u(x)$ と置き換えて，与えられた微分方程式を満たす $u(x)$ をみつける．つまり，$y = u(x) e^{-r(x)}$ とおくと

1.7 1階線形微分方程式

$$y' + P(x)y = u'(x)e^{-r(x)} - u(x)P(x)e^{-r(x)} + P(x)u(x)e^{-r(x)}$$
$$= u'(x)e^{-r(x)}.$$

したがって，$u(x)$ は

$$u'(x) = e^{r(x)}Q(x)$$

を満たす．よって

$$u(x) = \int e^{r(x)} Q(x)\,dx.$$

以上により，求める y は，積分定数 C を強調して，

$$y = u(x)e^{-r(x)} = e^{-r(x)}\left(\int e^{r(x)}Q(x)\,dx + C\right)$$

となる．

1階線形微分方程式の解

微分方程式 (1.11) の解は

$$y = e^{-r(x)}\left(\int e^{r(x)}Q(x)\,dx + C\right) \quad (C \text{ は任意定数}), \quad (1.13)$$

ただし，$r(x) = \int P(x)\,dx$ である．

問 1.7 微分方程式 $y' + \dfrac{1}{x}y = 2$ を解け．

線形微分方程式の「線形」とは？

ある領域 I で定義された関数の全体集合 V を考えるとき，V の元 (要素) である関数 $f = f(x)$ と $g = g(x)$ について，和 $f + g$ とスカラー倍 λf は

$$(f+g)(x) = f(x) + g(x),$$
$$(\lambda f)(x) = \lambda f(x) \quad (x \in I)$$

と定義できる．このとき，「線形代数」で学んだように，V は線形空間となる．$D = \dfrac{d}{dx}$ とおき，さらに，$L = D + P(x)$ とおくと，(1.11) と (1.12) の微分方程式はそれぞれ，$L(y) = Q(x)$ と $L(y) = 0$ と書ける．このような L を**微分作用素**もしくは**微分演算子**とよぶ．L は，区間 I 上の C^1-級関数全体 V_0 からそれを含む I 上の関数全体 V への写像である．上で述べたとおり，V_0 と V には和と

スカラー倍が定義されていて線形空間となっている.「線形代数」では, 有限次元の線形空間から有限次元の線形空間への線形写像は, 行列で表現できることを学んだ. V_0 と V は, 無限次元の線形空間であるが, 同様に, V_0 から V への線形写像の定義が与えられる. $L = D + P(x)$ について調べてみると,

 (i) $f, g \in V_0$ ならば
$$L(f+g) = (D+P(x))(f+g) = D(f+g) + P(x)(f+g)$$
$$= f' + g' + P(x)f + P(x)g = L(f) + L(g),$$

 (ii) スカラー λ に対して
$$L(\lambda f) = D(\lambda f) + P(x)(\lambda f) = \lambda f' + \lambda P(x) f = \lambda L(f).$$

したがって, $L : V_0 \to V$ は線形写像であることがわかる. (1.11) と (1.12) はこの L を用いて, $L(y) = R(x), L(y) = 0$ と書けるので, 線形微分方程式 (linear differential equation) とよばれるのである.

1.8 ベルヌーイ型の微分方程式

この節では1階線形微分方程式に帰着できる形の微分方程式として, ベルヌーイ型の微分方程式を紹介する.

次の形をした微分方程式を**ベルヌーイ** (Bernoulli) **型の微分方程式**とよぶ.
$$y' + P(x)y = Q(x)y^\alpha \quad (\alpha \text{ は定数}) \tag{1.14}$$

$\alpha = 0$ のとき, これは1階線形微分方程式である.

$\alpha = 1$ のときは $y' + (P(x) - Q(x))y = 0$ であるから, 変数分離形および1階線形の微分方程式である.

$\alpha \neq 0, 1$ のとき
$$u = y^{1-\alpha}$$
とおき, 両辺を x で微分して
$$u' = (1-\alpha) y^{-\alpha} y'.$$
(1.14) の両辺に $(1-\alpha) y^{-\alpha}$ をかけて u を用いて表すと
$$u' + (1-\alpha) P(x) u = (1-\alpha) Q(x)$$

1.9 クレロー型の微分方程式

を得る．これは $u(x)$ についての 1 階線形微分方程式であるから，1 階線形微分方程式の解法を用い u と x の関係式を得る．$u = y^{1-\alpha}$ を代入し，得られた y と x の関係式が求める (1.14) の解である．

例題 1.9 次の微分方程式を解け．
$$y' + \frac{2}{x}y = x^2 y^4$$

[解答例] $y \neq 0$ として $u = y^{-3}$ とおくと
$$u' = -3y^{-4}y'.$$
与式を $-3y^{-4}$ 倍し，u を用いて整理すると
$$u' - \frac{6}{x}u = -3x^2.$$
これは 1 階線形微分方程式であるから，$r(x) = \int \left(-\frac{6}{x}\right) dx = -6\log x$ とおき，
$$u = e^{-r(x)} \int e^{r(x)}(-3x^2)\, dx = x^6(x^{-3} + C) \quad (C \text{ は任意定数})$$
が得られる．したがって
$$y^{-3} = x^3 + Cx^6$$
が求める解である．なお $y = 0$ は特異解である． □

問 1.8 微分方程式 $y' - xy = e^{-x^2}y^3$ を解け．

1.9 クレロー型の微分方程式

この節では次の微分方程式を学ぶ．

次の形をした微分方程式を**クレロー (Clairaut) 型の微分方程式**とよぶ．
$$y = xy' + f(y') \tag{1.15}$$

この場合，両辺を微分し
$$y' = y' + xy'' + f'(y')y''.$$

$p = y'$ とおくと
$$x \cdot p' + f'(p) \cdot p' = 0.$$
これは
$$p'(x + f'(p)) = 0$$
と書けるから，$p' = 0$ あるいは $x + f'(p) = 0$ である．

(i) $p' = 0$ のとき，
$$y' = p = C \quad (C \text{ は任意定数}).$$
よって，与式に代入すると，一般解
$$y = Cx + f(C)$$
を得る．

(ii) $x + f'(p) = 0$ のとき，$f'(p)$ は p の関数 $f(p)$ を p で微分したもので p の式で書ける．よって x, p, y の3変数についての連立方程式
$$\begin{cases} x + f'(p) = 0, \\ y = xp + f(p) \end{cases} \quad \text{(与式)}$$
から p を消去して x と y の関係式を得る．これは定数を含まないから，特異解である．

例題 1.10 次の微分方程式を解け．
$$y = xy' - (y')^2$$
[解答例] $p = y', f(p) = -p^2$ として上記の方法で解くと，一般解は
$$y = Cx - C^2 \quad (C \text{ は任意定数})$$
であり，特異解は $x - 2p = 0$ と与式から
$$y = \frac{x^2}{4}$$
と求まる（図 1.1 参照）． □

1.10 完全微分方程式 (完全形)

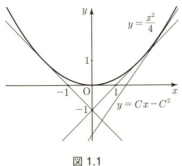

図 1.1

1.10 完全微分方程式 (完全形)

C^1-級の 2 変数関数 $M(x,y), N(x,y)$ について次の微分方程式を考える．
$$M(x,y)\,dx + N(x,y)\,dy = 0 \tag{1.16}$$
もし，C^2-級の 2 変数関数 $u(x,y)$ が存在して，式 (1.16) を
$$\left\{\frac{\partial}{\partial x}u(x,y)\right\}dx + \left\{\frac{\partial}{\partial y}u(x,y)\right\}dy = 0 \tag{1.17}$$
というように変形できるならば，この微分方程式 (1.16) を**完全微分方程式**，あるいは単に**完全形**とよぶ．すなわち，
$$M(x,y) = \frac{\partial}{\partial x}u(x,y), \quad N(x,y) = \frac{\partial}{\partial y}u(x,y) \tag{1.18}$$
と書けるとき，完全微分方程式という．

式 (1.17) の左辺は，2 変数関数 $u(x,y)$ の全微分 $du(x,y)$ になっているから，(1.17) $\iff du(x,y) = 0$．このとき，x, y のそれぞれの微小な変化量に対して，$z = u(x,y)$ で書ける z 方向への変化量は 0 だから，2 変数関数 $u(x,y)$ について，
$$u(x,y) = C \quad (C \text{ は任意定数})$$
と書ける．これが，微分方程式 (1.16) の一般解である．

○例 **1.3** 次の微分方程式を考えよう．
$$(y + ye^{xy})\,dx + (x + xe^{xy})\,dy = 0$$
これは，$u(x,y) = xy + e^{xy}$ とおくと，$du(x,y) = 0$ と同値であり，完全微分方程式である．実際，この $u(x,y)$ において，
$$\frac{\partial}{\partial x}u(x,y) = y + ye^{xy}, \quad \frac{\partial}{\partial y}u(x,y) = x + xe^{xy}.$$
したがって，求める解は，$xy + e^{xy} = C$ (C は任意定数) となる． □

定理 1.1 微分方程式 (1.16) が与えられたとき，次の (i) と (ii) は同値である．
  (i) 微分方程式 (1.16) は完全形である．
  (ii) 次の等式が成り立つ．
$$\frac{\partial}{\partial y}M(x,y) = \frac{\partial}{\partial x}N(x,y)$$

証明． まず，(i) ならば (ii) を示す．仮定より，C^2-級関数 $u(x,y)$ が存在して，
$$\frac{\partial}{\partial x}u(x,y) = M(x,y), \quad \frac{\partial}{\partial y}u(x,y) = N(x,y)$$
と書ける．$u(x,y)$ は C^2-級関数だから偏微分の順番を交換することができて，
$$\frac{\partial}{\partial y}M(x,y) = \frac{\partial}{\partial y}\left\{\frac{\partial}{\partial x}u(x,y)\right\} = \frac{\partial}{\partial x}\left\{\frac{\partial}{\partial y}u(x,y)\right\} = \frac{\partial}{\partial x}N(x,y).$$

次に，(ii) ならば (i) を示す．仮定のもとで，微分方程式 (1.16) が完全形であることを保証する $u(x,y)$ の候補を考えると，まず，次の 2 変数関数 $g(x,y)$ があげられる．
$$g(x,y) = \int M(x,y)\,dx$$
以下，$g(x,y)$ を少し修正し $u(x,y)$ を構成する．
さて，微分積分の基本定理より，$M(x,y) = \dfrac{\partial}{\partial x}g(x,y)$ だから，
$$\frac{\partial}{\partial y}M(x,y) = \frac{\partial}{\partial y}\left\{\frac{\partial}{\partial x}g(x,y)\right\} = \frac{\partial}{\partial x}\left\{\frac{\partial}{\partial y}g(x,y)\right\}.$$

1.10 完全微分方程式 (完全形)

仮定より，左辺は $\dfrac{\partial}{\partial x} N(x, y)$ なので，

$$\frac{\partial}{\partial x} \left\{ N(x, y) - \frac{\partial}{\partial y} g(x, y) \right\} = 0.$$

x 方向への変化はないということだから，y だけの関数 $h(y)$ をとって，

$$N(x, y) - \frac{\partial}{\partial y} g(x, y) = h(y)$$

と書ける．これより，与えられた微分方程式 (1.16) を書き換えて，

$$\left\{ \frac{\partial}{\partial x} g(x, y) \right\} dx + \left\{ \frac{\partial}{\partial y} g(x, y) + h(y) \right\} dy = 0.$$

さらに，$\dfrac{\partial}{\partial x} \int h(y)\, dy = 0$ だから，

$$\frac{\partial}{\partial x} \left\{ g(x, y) + \int h(y)\, dy \right\} dx + \frac{\partial}{\partial y} \left\{ g(x, y) + \int h(y)\, dy \right\} dy = 0.$$

これは，

$$u(x, y) = g(x, y) + \int h(y)\, dy$$

としたときの全微分について，$du(x, y) = 0$ のことである．すなわち，与えられた (1.16) は完全形であるといえる． □

この証明から，次がいえたことになる．

完全微分方程式の解

微分方程式 (1.16) は $\dfrac{\partial}{\partial y} M(x, y) = \dfrac{\partial}{\partial x} N(x, y)$ を満たすとき完全微分方程式となる．その解は，

$$g(x, y) = \int M(x, y)\, dx$$

とおけば

$$g(x, y) + \int \left\{ N(x, y) - \frac{\partial}{\partial y} g(x, y) \right\} dy = C \quad (C \text{ は任意定数})$$

(1.19)

と求められる．

1.11 積分因子

> **定義 1.3** 微分方程式
> $$P(x,y)\,dx + Q(x,y)\,dy = 0 \qquad (1.20)$$
> が完全微分方程式でないとき，両辺に C^2-級関数 $\lambda(x,y)$ をかけて完全微分方程式になるならば，この $\lambda(x,y)$ を微分方程式 (1.20) の**積分因子**という．

例題 1.11 次の微分方程式を解け．
$$(2y^3 + 3xy)\,dx + (3xy^2 + x^2)\,dy = 0$$

［解答例］ この微分方程式について完全形であるか調べてみよう．
$$\frac{\partial}{\partial y}(2y^3 + 3xy) = 6y^2 + 3x,$$
$$\frac{\partial}{\partial x}(3xy^2 + x^2) = 3y^2 + 2x.$$

よって，先の定理 1.1 によってこれは完全形ではない．しかし，与式の両辺に x をかけて，$(2xy^3 + 3x^2y)\,dx + (3x^2y^2 + x^3)\,dy = 0$ を考えると，
$$\frac{\partial}{\partial y}(2xy^3 + 3x^2y) = 6xy^2 + 3x^2,$$
$$\frac{\partial}{\partial x}(3x^2y^2 + x^3) = 6xy^2 + 3x^2.$$

したがって，これは完全形である．すなわち，$\lambda(x,y) = x$ は積分因子である．実際，$(2xy^3 + 3x^2y)\,dx + (3x^2y^2 + x^3)\,dy = 0$ は，$u(x,y) = x^2y^3 + x^3y$ とおくと $\left\{\dfrac{\partial}{\partial x}u(x,y)\right\}dx + \left\{\dfrac{\partial}{\partial y}u(x,y)\right\}dy = 0$ と書けて，$du(x,y) = 0$ と同値である．この微分方程式の解は，$u(x,y) = C$，すなわち，$x^2y^3 + x^3y = C$ (C は任意定数) である． □

注意 1.1 1つの微分方程式について，積分因子は存在するとしても一意に定まらない．例えば，$y\,dx - x\,dy = 0$ について，

(i) $\lambda(x,y) = \dfrac{1}{y^2}$, (ii) $\lambda(x,y) = \dfrac{1}{xy}$, (iii) $\lambda(x,y) = \dfrac{1}{x^2 + y^2}$

1.11 積分因子

は積分因子となる．実際，(i) と (ii) はそれぞれ，与えられた微分方程式を $d(x/y) = 0$ と $d(\log(x/y)) = 0$ という全微分に変形させる．(i) を両辺にかけて，

$$\frac{1}{y}dx - \frac{x}{y^2}dy = \frac{\partial}{\partial x}\left(\frac{x}{y}\right)dx + \frac{\partial}{\partial y}\left(\frac{x}{y}\right)dy = 0,$$

(ii) を両辺にかけて，

$$\frac{1}{x}dx - \frac{1}{y}dy = \frac{\partial}{\partial x}\left(\log\left(\frac{x}{y}\right)\right)dx + \frac{\partial}{\partial y}\left(\log\left(\frac{x}{y}\right)\right)dy = 0.$$

(iii) に対しては，$d(\arctan(y/x)) = 0$ と変形できる．以上 (i)～(iii) によって求めた解は同値である．

微分方程式 (1.20) の積分因子のみつけ方は，定理 1.1 において

$$M(x,y) = \lambda(x,y)P(x,y), \quad N(x,y) = \lambda(x,y)Q(x,y)$$

とおいて，必要十分条件である次の方程式を満たす $\lambda(x,y)$ をみつけることである．

$$\frac{\partial}{\partial y}\{\lambda(x,y)P(x,y)\} = \frac{\partial}{\partial x}\{\lambda(x,y)Q(x,y)\} \tag{1.21}$$

具体的に，$\lambda(x,y) = x^l y^k, e^{kx}, e^{ly}$ 等とおいて未定係数法で解く方法がある．
さらに，次のような求め方もある．

補題 1.1 微分方程式 (1.20) が完全形でないとき，積分因子 $\lambda(x,y)$ を次のように求めることもできる．

(a) $\left\{\dfrac{\partial}{\partial y}P(x,y) - \dfrac{\partial}{\partial x}Q(x,y)\right\}\Big/ Q(x,y) = f(x)$ ならば，

$$\lambda(x,y) = \exp\left(\int f(x)\,dx\right). \tag{1.22}$$

(a′) $\left\{\dfrac{\partial}{\partial y}P(x,y) - \dfrac{\partial}{\partial x}Q(x,y)\right\}\Big/ P(x,y) = -g(y)$ ならば，

$$\lambda(x,y) = \exp\left(\int g(y)\,dy\right).$$

(b) $P(x,y), Q(x,y)$ が斉次関数 (つまり，ある l があって $f(kx,ky) = k^l f(x,y)$ となるような関数 f をいう) で $xP(x,y) + yQ(x,y) \neq 0$ ならば，

$$\lambda(x,y) = \frac{1}{xP(x,y) + yQ(x,y)}.$$

(c) もし，式 (1.20) が $yf(u)\,dx + xg(u)\,dy = 0$, $u = xy$ かつ $f(u) \neq g(u)$ ならば，
$$\lambda(x,y) = \frac{1}{xy\{f(xy) - g(xy)\}} = \frac{1}{xP(x,y) - yQ(x,y)}.$$

問 1.9 上の (a)–(c) が実際に積分因子であることを，方程式 (1.21) が成り立つことを示して証明せよ．

例題 1.12 次の微分方程式について，積分因子をみつけて解け．
$$\left(\frac{y}{x} + 1 + \frac{1}{x^2}\right)dx + \left(\frac{1}{x^2}\right)dy = 0$$

[解答例] $P(x,y) = \dfrac{y}{x} + 1 + \dfrac{1}{x^2}$, $Q(x,y) = \dfrac{1}{x^2}$ とおくと，
$$\left(\frac{\partial}{\partial y}P(x,y) - \frac{\partial}{\partial x}Q(x,y)\right)\bigg/Q(x,y) = \left(\frac{1}{x} - \left(-\frac{2}{x^3}\right)\right)x^2 = x + \frac{2}{x}.$$
積分因子 $\lambda(x,y)$ を求める公式 (1.22) によって，
$$\lambda(x,y) = \exp\left(\int\left(x + \frac{2}{x}\right)dx\right) = \exp\left(\frac{x^2}{2} + 2\log x + C_1\right)$$
$$= C_2 x^2 \exp\left(\frac{x^2}{2}\right) \quad (C_1, C_2 \text{ は任意定数}).$$
積分因子 $x^2 \exp\left(\dfrac{x^2}{2}\right)$ を与えられた式の両辺にかけて，
$$\left\{xy\exp\left(\frac{x^2}{2}\right) + x^2\exp\left(\frac{x^2}{2}\right) + \exp\left(\frac{x^2}{2}\right)\right\}dx + \exp\left(\frac{x^2}{2}\right)dy = 0.$$
ここで，
$$\frac{\partial}{\partial x}\left(y\exp\left(\frac{x^2}{2}\right) + x\exp\left(\frac{x^2}{2}\right)\right)$$
$$= xy\exp\left(\frac{x^2}{2}\right) + x^2\exp\left(\frac{x^2}{2}\right) + \exp\left(\frac{x^2}{2}\right),$$
$$\frac{\partial}{\partial y}\left(y\exp\left(\frac{x^2}{2}\right) + x\exp\left(\frac{x^2}{2}\right)\right) = \exp\left(\frac{x^2}{2}\right)$$

だから，$u(x,y) = y \exp\left(\dfrac{x^2}{2}\right) + x \exp\left(\dfrac{x^2}{2}\right)$ とおくと，与えられた式は，$du(x,y) = 0$ と同値である．したがって，求める解は次になる．

$$y \exp\left(\dfrac{x^2}{2}\right) + x \exp\left(\dfrac{x^2}{2}\right) = C \quad (C \text{ は任意定数}). \qquad \square$$

注意 1.2 与えられた微分方程式は正規形に変形すると，

$$y' = -xy - x^2 - 1.$$

これは 1 階線形微分方程式であるから，解の公式を用いて，

$$y = -x + C \exp\left(-\dfrac{x^2}{2}\right) \quad (C \text{ は任意定数})$$

を得る．これは上で積分因子によって求めた解と同値である．

章 末 問 題

1. 次の微分方程式を解け．

(1) $y' + xy = 0$ (2) $y' + y = x$ (3) $y' - \dfrac{1}{x}y = 1$

(4) $y' + \left(\dfrac{1}{x} + 2x\right)y = 2$ (5) $y' - y = \sin x$ (6) $y' + y\cos x = e^{-\sin x}$

(7) $y' + xy = xy^{-1}$ (8) $2xy' = 10x^3 y^5 + y$

2. 一般解が任意定数 C の 1 次式，つまり

$$y = Ca(x) + b(x) \quad (a(x), b(x) \text{ は既知関数で } a(x) \neq 0)$$

が一般解となる 1 階線形微分方程式を求めよ．

3. $\alpha > 1$ を定数とする．微分方程式 $y' = y^\alpha$ の $y(x) > 0$ である解 $y(x)$ は，ある x_0 に対して $\displaystyle\lim_{x \to x_0 - 0} y(x) = \infty$ となることを示せ．

4. 次の形の 1 階微分方程式をリッカチ (Riccati) 型方程式という．

$$y' = p(x)y^2 + q(x)y + r(x)$$

$y_0(x)$ をこの方程式の一つの解とする．
(1) $u = y - y_0(x)$ とおくと u はベルヌーイ型方程式を満たすことを示せ．
(2) このリッカチ型方程式の一般解を求めよ．

5. 総人口 N の地域に発生したある伝染病の伝播状況は次のように微分方程式で記述される．時刻 x における感染者の数を $y = y(x)$ とすると

$$y' = ay(N - y) - by \quad (a, b > 0 \text{ はある定数}).$$

ここで $ay(N-y)$ の項は感染者と未感染者の接触で感染が広がることを表し，$-by$ の項は感染者の回復に対応する項である．時刻 0 での感染者数を $n\ (>0)$，つまり $y(0)=n$ として，この方程式より次を示せ．

(1) $b \geq aN$ ならば $\lim_{x \to \infty} y(x) = 0$ (流行がおさまること)．

(2) $b < aN$ ならば $\lim_{x \to \infty} y(x) = aN - b\ (>0)$ (大流行すること)．

6. 次の微分方程式が完全形であるか調べて，解を求めよ．

(1) $(1+x^2)\,dy + 2xy\,dx = 0$

(2) $x\,dy - 2y\,dx = 0$

(3) $(\cos y)\,dx - (\sin y)\,dy = 0$

(4) $(xy + 2y)\,dx + 2x\,dy = 0$

(5) $(2xy + e^y)\,dx + (x^2 + xe^y)\,dy = 0$

(6) $(2xy^2 + y\cos x)\,dx + (2x^2y + \sin x)\,dy = 0$

(7) $4x^3 - e^{xy}(xy' + y) = 0$

(8) $(x + e^x)\,dx + y\,dy = 0$

(9) $(2x + ye^{xy})\,dx + (\cos y + xe^{xy})\,dy = 0$

7. 次の微分方程式が完全形であることを確かめ，解の公式 (1.19) を用いて解け．

(1) $(y - 3x^2 - 2)\,dx + (x - y^2 - 2y)\,dy = 0$

(2) $(2x\sin y + e^x \cos y)\,dx + (x^2 \cos y - e^x \sin y)\,dy = 0$

8. 次の微分方程式が完全形になるように定数 a の値を求め，その a について解を求めよ．

(1) $axy\,dx + (x^2 + \cos y)\,dy = 0$

(2) $xy^3\,dx + ax^2y^2\,dy = 0$

9. 次の微分方程式について積分因子 $\lambda(x,y)$ を求めてから，解を求めよ．

(1) $2y\,dx + x\,dy = 0$

(2) $x\,dy - 2y\,dx = 0$

(3) $(2y + xy)\,dx + 2x\,dy = 0$

(4) $(\cos y)\,dx - (\sin y)\,dy = 0$

(5) $y\sin(xy)\,dx - \left\{ \dfrac{\cos(xy)}{y} - x\sin(xy) \right\} dy = 0$

(6) $(2xy^4 e^y + 2xy^3 + y)\,dx + (x^2y^4 e^y - x^2y^2 - 3x)\,dy = 0$

10. 積分因子 $\lambda(x,y)$ を与える補題 1.1 を適用して，$\lambda(x,y)$ を求めてから解け．

(1) $(x^2 + y^2 + x)\,dx + xy\,dy = 0$

(2) $y^2\,dx + (x^2 - xy - y^2)\,dy = 0$

(3) $y(x^2y^2 + 2)\,dx + x(2 - 2x^2y^2)\,dy = 0$

2

2階微分方程式

　本章では，2階微分方程式の解法を紹介する．1階に帰着できる場合を学習した後，2階線形微分方程式の解法や，その解の構造について学んでいこう．

2.1　1階に帰着できる2階微分方程式

2階微分方程式の一般形は，次のように書ける．
$$F(x, y, y', y'') = 0 \tag{2.1}$$
この節では，2つの変数 x, y のうち，どちらかが方程式において陽に現れない場合を考える．つまり，次のタイプを考える．

(a) $F(x, y', y'') = 0$,　特別な場合として，(a') $F(x, y'') = 0$.
(b) $F(y, y', y'') = 0$,　特別な場合として，(b') $F(y, y'') = 0$.

　この場合，変数変換することによって1階の微分方程式に帰着することができる．

　(a) の場合： この場合，y の代わりに y' を未知関数と考えると1階の微分方程式になっている．つまり，$p = y'$ とおくと，p は x の関数で $p = p(x)$ と書けて，$y'' = \dfrac{d}{dx} p = p'$ であるから，式 (2.1) は次のように書ける．
$$F(x, p, p') = 0$$
これは，$p = p(x)$ についての1階の微分方程式である．(a') についても同様である．

例題 2.1 (a′) について,次の初期値問題の解を求めよ.
$$\begin{cases} y'' = e^{2x} + \sin 2x, \\ 初期条件:y(0) = y'(0) = 0. \end{cases}$$

[解答例] 両辺を x で積分して,
$$y' = \int (e^{2x} + \sin 2x)\,dx = \frac{1}{2}e^{2x} - \frac{1}{2}\cos 2x + C_1.$$

これは 1 階微分方程式であり,初期条件から積分定数 C_1 を特定すると
$$0 = \frac{1}{2} - \frac{1}{2} + C_1, \quad よって \quad C_1 = 0.$$

さらに,続けて,
$$y = \int \left(\frac{1}{2}e^{2x} - \frac{1}{2}\cos 2x\right)dx = \frac{1}{4}e^{2x} - \frac{1}{4}\sin 2x + C_2 \quad (C_2 は任意定数).$$

初期条件より,
$$0 = \frac{1}{4} + C_2, \quad よって \quad C_2 = -\frac{1}{4}.$$

したがって,この初期値問題の解は,
$$y = \frac{1}{4}e^{2x} - \frac{1}{4}\sin 2x - \frac{1}{4}$$

となる. □

例題 2.2 次に,(a) について,微分方程式 $xy'' - 2y' = 0$ の一般解を求めよ.

[解答例] $p = y'$ とおくと $y'' = p'$ だから,与えられた微分方程式は,
$$xp' - 2p = 0. \tag{2.2}$$

これは,$p = p(x)$ についての 1 階微分方程式で,変数分離形として解ける.
$$\frac{p'}{p} = \frac{2}{x}$$

両辺を x で積分して,
$$\int \frac{p'}{p}\,dx = 2\int \frac{1}{x}\,dx.$$

左辺は $\int \frac{1}{p}\,dp$ であるから
$$\log|p| = 2\log|x| + C_1 \quad (C_1 は任意定数).$$

2.1 1階に帰着できる2階微分方程式

よって
$$p = C_2 x^2 \quad (C_2 = \pm e^{C_1}).$$

ここで，$C_2 = 0$ としたときの p も微分方程式 (2.2) を満たす．したがって C_2 は任意定数としてよい．$p = y'$ であったから，1 階微分方程式

$$y' = C_2 x^2$$

が得られた．これを解くと

$$y = \int C_2 x^2 \, dx = \frac{C_2}{3} x^3 + C_3 \quad (C_2, C_3 \text{ は任意定数}).$$

よって，求める解は

$$y = Ax^3 + B \quad (A, B \text{ は任意定数})$$

である． □

(b) の場合： $p = y'$ とおくと，p は x の関数で $p = p(x)$ と書ける．しかし，陰関数定理の成り立つ領域 D^* では，x も y の関数 $x = x(y)$ としてみなせるから，p も y の関数 $p = p(x) = p(x(y))$ となる．このとき，合成関数の微分法より，

$$y'' = \frac{dp}{dx} = \frac{dp}{dy}\frac{dy}{dx} = \frac{dp}{dy} p.$$

よって，(b) の式は次のように書ける．

$$F\left(y, p, \frac{dp}{dy} p\right) = 0$$

これは，y を独立変数とする $p = p(y)$ についての 1 階微分方程式である．これを解くと，何らかの p と y の関係式が得られ，$p = y'$ であるから，その関係式は $y = y(x)$ についての 1 階微分方程式であるという仕掛けである．(b') についても同様である．

注意 2.1 陰関数定理の成り立つ領域について，例をあげる．
$x^2 + y = 1$ について，$y = 1 - x^2 = y(x)$ であるが，x について変形すると，領域 $D^* = \{(x, y) \,|\, 1 - y > 0, \, x > 0\}$ において，$x = \sqrt{1-y} = x(y)$ が成り立つ．

〇**例 2.1** (b') について，ばねの伸縮運動を取り上げよう．k を正の定数とし，微分方程式

$$y'' = -ky$$

を考える．上記の方針で解いてみよう．$p = y'$ とおく．p は x の関数であるが，陰関数定理より y の関数とみなすこともできる．

$$y'' = \frac{dp}{dx} = \frac{dp}{dy}\frac{dy}{dx} = \frac{dp}{dy}p$$

より

$$p\frac{dp}{dy} = -ky.$$

両辺を y で積分すると，右辺は $-\frac{k}{2}y^2 + C_1$ で，左辺は

$$\int p\frac{dp}{dy}\,dy = \int p\,dp = \frac{1}{2}p^2 + C_2$$

となる．したがって，$p^2 + ky^2 = C$ を得る (C は正の定数)．$p = y'$ を思い出すと，$y' = \pm\sqrt{C - ky^2}$ となる．これは変数分離形の微分方程式であるから

$$\pm\int \frac{1}{\sqrt{C - ky^2}}\,dy = \int dx$$

より

$$\pm\frac{1}{\sqrt{k}}\arcsin\left(\sqrt{\frac{k}{C}}y\right) = x + C_3$$

となり

$$y = \sqrt{\frac{C}{k}}\sin(\pm\sqrt{k}x + C_4)$$
$$= \sqrt{\frac{C}{k}}\left\{\sin(C_4)\cos(\pm\sqrt{k}x) + \cos(C_4)\sin(\pm\sqrt{k}x)\right\}$$

を得る．整理すると，解は次のように表すことができる．

$$y = A\cos(\sqrt{k}x) + B\sin(\sqrt{k}x)$$

(以上，C_1, C_2, C_3, A, B は任意定数．$C_4 = \pm\sqrt{k}C_3$.) □

例題 2.3 (b′) について，次の初期値問題を解け．

$$\begin{cases} y'' = \dfrac{1}{\sqrt{y}}, \\ \text{初期条件}: y(0) = 1,\ y'(0) = 2. \end{cases}$$

[解答例] $p = y'$ とおいて，上の考察のように $y'' = p'(y)p$ とみると，この微分方程式は

$$p'(y)p = \frac{1}{\sqrt{y}}.$$

これは $p = p(y)$ についての1階微分方程式で，変数分離形として解ける．実際，両辺 y で積分すると，

$$\int pp'(y)\,dy = \int \frac{1}{\sqrt{y}}\,dy.$$

左辺は $\int p\,dp$ であるから

$$\frac{1}{2}p^2 = 2y^{\frac{1}{2}} + C_1 \quad (C_1 \text{ は任意定数}).$$

初期条件より，$\frac{1}{2} \times 2^2 = 2 \times 1 + C_1$ だから，$C_1 = 0$ である．これより，$\frac{1}{2}(y')^2 = 2y^{\frac{1}{2}}$ となり，$y' = \pm 2y^{\frac{1}{4}}$ となる．さらに初期条件より，$y' = 2y^{\frac{1}{4}}$ を得る．これは $y = y(x)$ についての1階微分方程式で変数分離形である．

$$\int y^{-\frac{1}{4}} y' \, dx = \int 2 \, dx$$

より

$$\frac{4}{3} y^{\frac{3}{4}} = 2x + C_2 \quad (C_2 \text{ は任意定数}).$$

初期条件より $\frac{4}{3} = 0 + C_2$ だから，$C_2 = \frac{4}{3}$ を得る．したがって，求める解は

$$\frac{4}{3} y^{\frac{3}{4}} = 2x + \frac{4}{3}$$

となる． □

2.2　2階線形微分方程式の解の存在と一意性

次の2階微分方程式を考える．

$$y'' + P(x)y' + Q(x)y = R(x) \qquad (2.3)$$

ここで，第 1 章 (p.17) のコラム (線形微分方程式の「線形」とは?) でもみたように，$\left(\dfrac{d}{dx}\right)^2 y = \dfrac{d}{dx}\left(\dfrac{d}{dx}y\right)$ と定義すると，$\left(\dfrac{d}{dx}\right)^2 y = \dfrac{d}{dx}(y') = y''$ であるから，

$$L = \left(\frac{d}{dx}\right)^2 + P(x)\frac{d}{dx} + Q(x)$$

とおくと，C^2-級の関数 $y_1 = y_1(x)$ と $y_2 = y_2(x)$ に対して任意の定数 c_1, c_2 で，

$$L(c_1 y_1 + c_2 y_2) = c_1 L(y_1) + c_2 L(y_2)$$

が成り立つから，微分作用素 (演算子) L は，2 回微分可能な関数空間から関数空間への線形写像であるといえる．方程式 (2.3) は，$L(y) = R(x)$ と書けるから，**2 階線形微分方程式**とよばれる．$R(x) \equiv 0$ のとき**斉次** (同次) 2 階線形微分方程式とよばれ，そうでないときは**非斉次** (非同次) 2 階線形微分方程式とよばれる．方程式 (2.3) に対し，その右辺を 0 とした斉次形の微分方程式

$$y'' + P(x)y' + Q(x)y = 0$$

のことを (2.3) の**補助方程式**とよぶ．

次の定理は，微分方程式論においてもっとも重要な定理の一つである．

定理 2.1 (解の存在と一意性) 微分方程式 (2.3) において，$P(x), Q(x), R(x)$ は区間 I で連続であるとし，$x_0 \in I$ に対して，初期条件 $y(x_0) = k_0$, $y'(x_0) = k_1$ が与えられているとき，この初期値問題の解は，I 上で存在して一意である．

この定理の証明は Web 付章 8.3 節 注意 8.2 を参照せよ．

○例 **2.2** 次の初期値問題を考えてみよう．

$$\begin{cases} y'' - \dfrac{1}{x}y' + \dfrac{1}{x^2}y = 1, \\ \text{初期条件}: y(1) = 1, \ y'(1) = 0. \end{cases}$$

このとき，線形微分作用素 L は次のように書ける．

$$L = \left(\frac{d}{dx}\right)^2 - \left(\frac{1}{x}\right)\frac{d}{dx} + \frac{1}{x^2}$$

定理 2.1 により，区間 $(0, \infty)$ でこの線形微分方程式 $L(y) = 1$ の解は存在する．候補として，$y = x, x\log x$ をあげてみると，$L(x) = 0, L(x\log x) = 0$，さらに，任意の定数 A, B に対して，

$$L(Ax + Bx\log x) = AL(x) + BL(x\log x) = 0$$

が成り立つ．また，$L(x^2) = 1$ だから，$y = Ax + Bx\log x + x^2$ とおくと，

$$L(y) = AL(x) + BL(x\log x) + L(x^2) = 1$$

となり，

$$y = Ax + Bx\log x + x^2 \quad (A, B \text{ は任意定数})$$

は与えられた微分方程式の一般解であることがわかる．

上の定理 2.1 によると，与えられた初期条件を満たす解はただ一つである．実際，$y(1) = A + 0 + 1 = 1$ より $A = 0$ となり，また，$y'(1) = B + 2 = 0$ より $B = -2$ となって，

$$y = -2x\log x + x^2$$

が初期条件を満たすただ一つの解である． □

2.3　2 階線形微分方程式の解の 1 次独立性 (ロンスキー行列式を用いた判定法)

ここでは，次の斉次形の 2 階微分方程式の解について調べる．

$$y'' + P(x)y' + Q(x)y = 0 \qquad (2.4)$$

解の 1 次独立性についての定理を証明するのに，解の存在と一意性の定理 2.1 を用いる．その前に関数の 1 次独立性について再確認しておこう．関数空間 V において，関数の組が 1 次独立であることは次のように定義される．

定義 2.1 $y_1 = y_1(x), y_2 = y_2(x), \cdots, y_n = y_n(x)$ を x の関数とする．実数 $c_1, c_2, \cdots, c_n$ に対し，次の恒等式
$$c_1 y_1(x) + c_2 y_2(x) + \cdots + c_n y_n(x) = 0 \quad (x \in I) \quad (2.5)$$
が成立するのが，$c_1 = c_2 = \cdots = c_n = 0$ のときに限られるならば，$y_1, y_2, \cdots, y_n$ は **1 次独立**であるという．1 次独立でないとき，**1 次従属**であるという．

注意 2.2 (2.5) は左辺の関数と右辺の関数が I 上で等しいという意味なので，それらの関数が定義されている区間の一つの点 x について成立すればよいというわけではないことに注意しよう．

$y_1(x), y_2(x), \cdots, y_n(x)$ の 1 次独立性を調べる際に，$n \times n$ 行列の行列式である**ロンスキー (Wronski) 行列式**

$$W(y_1, y_2, \cdots, y_n)(x) = \begin{vmatrix} y_1(x) & y_2(x) & \cdots & y_n(x) \\ y_1'(x) & y_2'(x) & \cdots & y_n'(x) \\ \vdots & \vdots & \ddots & \vdots \\ y_1^{(n-1)}(x) & y_2^{(n-1)}(x) & \cdots & y_n^{(n-1)}(x) \end{vmatrix}$$

はとても有用である．じつは，(2.4) を一般化した n 階線形微分方程式の解である $y_1(x), y_2(x), \cdots, y_n(x)$ が 1 次独立であることと，$W(y_1(x), y_2(x), \cdots, y_n(x))$ が恒等的に 0 という関数でないことが同値となる．本書では $n = 2$ の場合を証明する．証明には先の定理 2.1 が用いられる．

定理 2.2 微分方程式 (2.4) において，$P(x)$ と $Q(x)$ は区間 I で連続であるとする．このとき，(2.4) を満たす解 $y_1 = y_1(x)$ と $y_2 = y_2(x)$ について，次の (a) と (b) は同値である．
 (a) $y_1(x)$ と $y_2(x)$ は 1 次従属である．
 (b) $W(y_1, y_2)(x) \equiv 0$ (これは $W(y_1, y_2)(x)$ が恒等的に 0 という意味)

証明． まず，(a) ならば (b) が成り立つことを示そう．(a) を仮定すると，定数 k_1, k_2 で $(k_1, k_2) \neq (0, 0)$ となるものが存在して，
$$k_1 y_1(x) + k_2 y_2(x) = 0 \quad (x \in I) \quad (2.6)$$

2.3　2階線形微分方程式の解の1次独立性 (ロンスキー行列式を用いた判定法)

とできる．上の方程式は恒等式であることに注意しよう．さらに，(2.6) の両辺を x で微分すると，

$$k_1 y_1'(x) + k_2 y_2'(x) = 0 \quad (x \in I). \tag{2.7}$$

k_1, k_2 のどちらか一方は 0 ではないが，$k_1 \neq 0$ として一般性を失わない．(なぜならば，$k_2 \neq 0$ のときも同様に展開できるから．) 式 (2.6) の両辺に $\dfrac{1}{k_1} y_1'$ をかけ，式 (2.7) の両辺に $\dfrac{1}{k_1} y_1$ をかけて，各辺について差をとると，

$$\frac{k_2}{k_1}(y_1 y_2'(x) - y_1' y_2(x)) = 0 \quad (x \in I). \tag{2.8}$$

これより，$k_2 \neq 0$ ならば，ロンスキー行列式の定義から，

$$W(y_1, y_2)(x) = \begin{vmatrix} y_1(x) & y_2(x) \\ y_1'(x) & y_2'(x) \end{vmatrix} = 0 \quad (x \in I).$$

$k_2 = 0$ のときは，式 (2.6) により $y_1(x) = 0 \ (x \in I)$ となるから，

$$W(y_1, y_2)(x) = 0 \quad (x \in I)$$

がいえる．

次に，(b) ならば (a) が成り立つことを示す．任意の $x_0 \in I$ をとって，次の連立方程式を考える．ここで，k_1, k_2 は未知数とする．

$$\begin{cases} k_1 y_1(x_0) + k_2 y_2(x_0) = 0, \\ k_1 y_1'(x_0) + k_2 y_2'(x_0) = 0 \end{cases}$$

これを行列表現すると，

$$\begin{pmatrix} y_1(x_0) & y_2(x_0) \\ y_1'(x_0) & y_2'(x_0) \end{pmatrix} \begin{pmatrix} k_1 \\ k_2 \end{pmatrix} = \begin{pmatrix} 0 \\ 0 \end{pmatrix}. \tag{2.9}$$

k_1 と k_2 について求めようとするとき，係数行列 A の行列式について，仮定より，

$$\det(A) = \begin{vmatrix} y_1(x_0) & y_2(x_0) \\ y_1'(x_0) & y_2'(x_0) \end{vmatrix} = W(y_1, y_2)(x_0) = 0.$$

これは，方程式 (2.9) が自明でない解ももつことを意味する．この自明でない解の k_1, k_2 によって，新しく次の関数 $y = y(x)$ を定義する．

$$y = k_1 y_1(x) + k_2 y_2(x) \quad (x \in I) \tag{2.10}$$

さて，y_1, y_2 が満たしている微分方程式 (2.4) は次の微分作用素 L を用いて，$L(y_i) = 0$ $(i = 1, 2)$ と書けていた．

$$L = \left(\frac{d}{dx}\right)^2 + P(x)\frac{d}{dx} + Q(x)$$

L の線形性を用いると，

$$L(y) = L(k_1 y_1 + k_2 y_2) = k_1 L(y_1) + k_2 L(y_2) = 0.$$

これは，上で定義した $y = k_1 y_1 + k_2 y_2$ も微分方程式 (2.4) の解であることを示している．また，k_1, k_2 の選び方より，$y(x_0) = y'(x_0) = 0$ である．さてここで，定数関数 $\widehat{y} = 0$ も微分方程式 (2.4) を満たし，$\widehat{y}(x_0) = \widehat{y}'(x_0) = 0$ であるから，解の存在と一意性の定理 2.1 によって，$y = \widehat{y}$ とならなければならない．したがって，この k_1 と k_2 により，

$$k_1 y_1(x) + k_2 y_2(x) = 0 \quad (x \in I).$$

すなわち，y_1 と y_2 は 1 次従属であることがいえた． □

上の定理より少し詳しい定理を紹介しよう．

定理 2.3 微分方程式 (2.4) において，$P(x)$ と $Q(x)$ は区間 I で連続であるとする．このとき，(2.4) を満たす解 $y_1 = y_1(x)$ と $y_2 = y_2(x)$ について，次の $(a^*), (b^*), (c^*)$ は同値である．

  (a^*) $y_1(x)$ と $y_2(x)$ は 1 次独立である．
  (b^*) $W(y_1, y_2)(x) \not\equiv 0$ ($W(y_1, y_2)(x)$ は恒等的に 0 という関数ではないという意味)
  (c^*) $W(y_1, y_2)(x) \neq 0$ $(x \in I)$ ($W(y_1, y_2)(x)$ はけっして 0 をとらない関数という意味)

証明. (a^*) と (b^*) の同値性は上の定理 (定理 2.3) の対偶をとることによってわかる．(c^*) から (b^*) は明らかである．(b^*) から (c^*) を導くために，次のアーベル (Abel) の公式を用いる．

微分方程式 (2.4) において，$P(x)$ は区間 I で連続であるとする．このとき，(2.4) の解 $y_1 = y_1(x)$ と $y_2 = y_2(x)$ について，

2.3 2階線形微分方程式の解の1次独立性 (ロンスキー行列式を用いた判定法)

$$W(y_1, y_2)(x) = W(y_1, y_2)(x_0) \exp\left(-\int_{x_0}^{x} P(t)\, dt\right)$$

が成り立つ。ただし、$x_0 \in I$ である。

この公式は，次のように求められる．$W(y_1, y_2)(x) = y_1 y_2' - y_1' y_2$ だから，

$$\frac{d}{dx} W(y_1, y_2)(x) = y_1 y_2'' - y_1'' y_2$$

が成り立つ．よって

$$W'(y_1, y_2)(x) + P(x) W(y_1, y_2)(x) = y_1(y_2'' + P(x) y_2') - y_2(y_1'' + P(x) y_1')$$
$$= -y_1 Q(x) y_2 + y_2 Q(x) y_1 = 0.$$

この得られた微分方程式 $W' + P(x) W = 0$ を解いて，

$$W(y_1, y_2)(x) = A \exp\left(-\int_{x_0}^{x} P(t)\, dt\right) \quad (A \text{ は任意定数})$$

を得る．$x = x_0$ を代入して，$A = W(y_1, y_2)(x_0)$ となり，アーベルの公式を得る．

さて，(b*) から (c*) を導びこう．(b*) より $W(y_1, y_2)(x_0) \neq 0$ となる $x_0 \in I$ が存在する．アーベルの公式より，任意の $x \in I$ に対し，$W(y_1, y_2)(x)$ は $W(y_1, y_2)(x_0)$ に正の値 $\exp\left(-\int_{x_0}^{x} P(t)\, dt\right)$ をかけたものであるから，$W(y_1, y_2)(x)$ も 0 ではない． □

定理 2.3 を用いて 2 つの解の 1 次独立性について次の問題を解いてみよう．

例題 2.4 関数 $y_1 = e^{3x}$ と $y_2 = e^{5x}$ は 1 次独立か 1 次従属か調べよ．

[解答例] この 2 つの関数 y_1, y_2 は 2 階線形微分方程式 $y'' - 8y' + 15y = 0$ の解である．実際，$y = y_1$ としてこの式に代入すると，$9e^{3x} - 24e^{3x} + 15e^{3x} = 0$. また，$y = y_2$ として代入すると，$25e^{5x} - 40e^{5x} + 15e^{5x} = 0$. よって，$P(x) \equiv -8, Q(x) \equiv 15$ として定理 2.3 を適用することができる．ロンスキー行列式を計算してみると，

$$W(y_1, y_2)(x) = \begin{vmatrix} e^{3x} & e^{5x} \\ 3e^{3x} & 5e^{5x} \end{vmatrix} = 5e^{8x} - 3e^{8x} \neq 0.$$

したがって，$y_1 = e^{3x}$ と $y_2 = e^{5x}$ は 1 次独立である． □

問 2.1 次の 2 つの関数 $y_1 = y_1(x)$, $y_2 = y_2(x)$ はともに同じ 2 階線形微分方程式 (2.4) の解である．このとき，それらは 1 次独立か 1 次従属か調べよ．

(1) $y_1 = x$, $y_2 = xe^x$
(2) $y_1 = \dfrac{1}{x}$, $y_2 = x$
(3) $y_1 = \cos x$, $y_2 = \sin x$
(4) $y_1 = \log x$, $y_2 = \log x^2$
(5) $y_1 = \log x$, $y_2 = x \log x$
(6) $y_1 = e^{2x}$, $y_2 = e^{-3x}$
(7) $y_1 = e^x \cos x$, $y_2 = e^x \sin x$

2.4　2 階線形微分方程式の解空間 (一般解の形)

いよいよ 2 階線形微分方程式の解全体の集合について調べよう．まず，次の斉次形の微分方程式について扱う．

$$y'' + P(x)y' + Q(x)y = 0 \qquad (2.11)$$

次の定理がその答えを与える．

定理 2.4 微分方程式 (2.11) において，$P(x)$ と $Q(x)$ は区間 I で連続であるとする．(2.11) の解 $y_1 = y_1(x)$ と $y_2 = y_2(x)$ が 1 次独立であるならば，任意の解 $y = y(x)$ は次の形で書ける．

$$y = c_1 y_1(x) + c_2 y_2(x) \quad (c_1, c_2 \text{ は定数})$$

すなわち，解全体の集合 W は 2 回微分可能な関数全体の集合を線形空間とみたとき，$y_1(x)$ と $y_2(x)$ の生成する 2 次元部分空間になっている．つまり，

$$W = \langle\!\langle y_1, y_2 \rangle\!\rangle.$$

ここで，$\langle\!\langle y_1, y_2 \rangle\!\rangle$ は次の式で定義される．

$$\langle\!\langle y_1, y_2 \rangle\!\rangle = \{c_1 y_1 + c_2 y_2 \,|\, c_1, c_2 \in \mathbf{R}\}$$

証明． 微分方程式 (2.11) を満たす任意の解を $y = y(x)$ とする．y_1 と y_2 は 1 次独立な解だから，先の定理 2.3 により，ある $x_0 \in I$ が存在して，$W(y_1, y_2)(x_0) \neq 0$ とできる．このとき，

2.4 2階線形微分方程式の解空間 (一般解の形)

$$A = \begin{pmatrix} y_1(x_0) & y_2(x_0) \\ y_1'(x_0) & y_2'(x_0) \end{pmatrix}$$

とおくと，$\det(A) \neq 0$ だから，行列 A は正則になる．よって，未知数 k_1, k_2 に関する次の方程式はただ一つの解をもつ．

$$A \begin{pmatrix} k_1 \\ k_2 \end{pmatrix} = \begin{pmatrix} y(x_0) \\ y'(x_0) \end{pmatrix}$$

この解をあらためて k_1, k_2 とおくことにして，関数 $\widehat{y}$ を次で定義する．

$$\widehat{y} = k_1 y_1(x) + k_2 y_2(x) \quad (x \in I)$$

先と同様に，$L = \left(\dfrac{d}{dx}\right)^2 + P(x)\dfrac{d}{dx} + Q(x)$ とおくと，L の線形性から，

$$L(\widehat{y}) = L(k_1 y_1(x) + k_2 y_2(x)) = k_1 L(y_1(x)) + k_2 L(y_2(x))$$
$$= k_1 \times 0 + k_2 \times 0 = 0.$$

これは，$\widehat{y}$ も微分方程式 (2.11) の解であることを示している．さらに，k_1 と k_2 の選び方から，

$$\widehat{y}(x_0) = k_1 y_1(x_0) + k_2 y_2(x_0) = y(x_0),$$
$$\widehat{y}'(x_0) = k_1 y_1'(x_0) + k_2 y_2'(x_0) = y'(x_0)$$

であるから，$\widehat{y}$ と y は同じ初期条件を満たすことになる．よって，初期値問題に関する解の存在と一意性の定理 2.1 により，$\widehat{y}$ と y は一致する．すなわち，任意の解 $y = y(x)$ に対して，定数 k_1 と y_2 が存在して，

$$y = k_1 y_1(x) + k_2 y_2(x) \quad (x \in I).$$

逆に，任意定数 c_1 と c_2 をとって，$y = c_1 y_1(x) + c_2 y_2(x)$ とおけば，この $y = y(x)$ は微分方程式 (2.11) を満たす．

以上により，微分方程式 (2.11) の解空間 W は，1 次独立な解 y_1 と y_2 で生成される 2 次元部分空間 $\langle\!\langle y_1, y_2 \rangle\!\rangle$ である． □

例題 2.5 次の微分方程式について以下の問いに答えよ．

$$x^2 y'' + xy' - y = 0$$

(1) この解の一つを $y = x^m$ とおいて，m を求めよ．
(2) 一般解を求めよ．

[解答例]　(1) $y' = mx^{m-1}$, $y'' = m(m-1)x^{m-2}$ だから，これらを与えられた式に代入して，

$$x^2 y'' + xy' - y = m(m-1)x^m + mx^m - x^m$$
$$= (m^2 - 1)x^m = (m+1)(m-1)x^m = 0.$$

よって，$m = 1, -1$ を得る．

(2) 上の結果から $y = x$ と $y = x^{-1}$ は解であるから，これらが 1 次独立かを調べればよい．ロンスキー行列式を計算してみると，

$$W(y_1, y_2) = \begin{vmatrix} x & x^{-1} \\ 1 & -x^{-2} \end{vmatrix} = -2x^{-1} \not\equiv 0.$$

これより，$y_1 = x$ と $y_2 = x^{-1}$ は 1 次独立であるから，定理 2.4 によって求める一般解は

$$y = c_1 x + c_2 x^{-1} \quad (c_1, c_2 \text{ は任意定数})$$

である．　□

2.5　2 階線形微分方程式の解空間 (非斉次項を含む場合)

ここでは，次の非斉次な微分方程式の一般解について述べる．

$$y'' + P(x)y' + Q(x)y = R(x) \qquad (2.12)$$

前節で扱った斉次形の微分方程式 (2.11) は，上式 (2.12) の非斉次項である $R(x)$ を $R(x) \equiv 0$ としたものだから，微分方程式 (2.12) の補助方程式といえる．

定理 2.5　微分方程式 (2.12) の一般解 $y = y(x)$ は，一つの特殊解 $y_p = y_p(x)$ とその補助方程式 (2.11) の一般解 $y_h = y_h(x)$ によって，

$$y = y_p(x) + y_h(x)$$

と書ける．さらに，$y_h(x)$ は方程式 (2.11) の 2 つの 1 次独立な解 y_1 と y_2

の 1 次結合で書けるから,
$$y = y_p(x) + c_1 y_1(x) + c_2 y_2(x) \quad (c_1, c_2 \text{ は任意定数}).$$

証明. 先と同様に, $L = \left(\dfrac{d}{dx}\right)^2 + P(x)\dfrac{d}{dx} + Q(x)$ とおく. 方程式 (2.12) の任意の解 $y = y(x)$ に対して, $y_h = y(x) - y_p(x)$ とおくと,
$$L(y_h) = L(y(x) - y_p(x)) = L(y(x)) - L(y_p(x)) = R(x) - R(x) = 0.$$

よって, $y_h = y_h(x)$ は微分方程式 (2.11) の解であり, $y = y(x) = y_p(x) + y_h(x)$ だから, 任意の解が題意のように分解されることがいえた.

逆に, 特殊解 $y_p = y_p(x)$ と補助方程式の解 $y_h = y_h(x)$ をとると,
$$L(y) = L(y_h(x) + y_p(x)) = L(y_h(x)) + L(y_p(x)) = 0 + R(x) = R(x).$$

よって, この $y = y(x)$ は非斉次微分方程式 (2.12) の解となる. □

先の考察と同様に, 非斉次微分方程式 (2.12) の解全体の集合を $\widehat{W}$ と書けば, $\widehat{W} = y_p + W$ と書ける. ここで,
$$y_p + W = \{y_p + y \mid y \in W\}$$

と定義される. これは, 2 次元部分空間 W を y_p だけ平行移動した集合である.

2.6　2 階線形微分方程式の解の求め方

ここでは, 次の 2 階線形微分方程式の解のみつけ方について調べよう.

$$y'' + P(x)y' + Q(x)y = R(x) \tag{2.13}$$

この補助方程式は次の斉次方程式となる.

$$y'' + P(x)y' + Q(x)y = 0 \tag{2.14}$$

ここでも, $L = \left(\dfrac{d}{dx}\right)^2 + P(x)\dfrac{d}{dx} + Q(x)$ を用いることにする.

(I) $L(y) = 0$ の **1** つの解 $u(x)$ がみつかったときの (2.14) の一般解:

> **定理 2.6** 微分方程式 (2.14) において, $L(y) = 0$ の一つの解が $y = u(x)$ であるとき, 一般解 $y = y(x)$ は次の式で与えられる.
> $$y = c_1 u(x) + c_2 u(x) \int e^{-r(x)} u^{-2}(x) \, dx \quad (c_1, c_2 \text{ は任意定数}),$$
> ただし, $r(x) = \int P(x) \, dx$ である.

証明. $y = u(x)v(x)$ とおくと,
$$y' = u'v + uv', \quad y'' = u''v + 2u'v' + uv''$$
であるから,
$$\begin{aligned}L(y) &= (u''v + 2u'v' + uv'') + P(x)(u'v + uv') + Q(x)uv \\ &= v''u + v'(2u' + P(x)u) + v(u'' + P(x)u' + Q(x)u) \\ &= v''u + v'(2u' + P(x)u) + L(u) \\ &= v''u + v'(2u' + P(x)u) + 0.\end{aligned}$$

よって, $L(y) = 0$ は次のようになる.
$$v''u + v'(2u' + P(x)u) = 0$$

これは先にみたように, $v = v(x)$ について 1 階線形微分方程式に帰着できる形となっている. 実際, $p = v'$ とおき, 両辺を u で割ると,
$$p' + \left(2\frac{u'}{u} + P(x)\right) p = 0$$

を得る. これは変数分離形として解くことができて,
$$\frac{p'}{p} = -\left(2\frac{u'}{u} + P(x)\right)$$

より, 両辺を x で積分して
$$\int \frac{p'}{p} \, dx = -\int \left\{2\frac{u'}{u} + P(x)\right\} dx.$$

$$\therefore \quad \log|p| = -2\log|u| - \int P(x) \, dx$$

2.6 2階線形微分方程式の解の求め方

ここで，$r(x) = \int P(x)\,dx$ とおいて，

$$p = cu^{-2}(x)e^{-r(x)} \quad (c\text{ は任意定数}).$$

$p = v'$ だったから，

$$v = \int cu^{-2}(x)e^{-r(x)}\,dx,$$

したがって，

$$y = u(x)\int cu^{-2}(x)e^{-r(x)}\,dx$$

を得る．ここで，積分定数 c を分けて c_1, c_2 と書けば，

$$y = cu(x)\int u^{-2}e^{-r(x)}\,dx \tag{2.15}$$

$$= c_1 u(x)F(x) + c_2 u(x). \tag{2.16}$$

ここでは，$u^{-2}(x)e^{-r(x)}$ の一つの原始関数を $F(x)$ とおいた．さらに，$y_1 = u(x)$ と $y_2 = u(x)F(x)$ が1次独立か調べてみると，

$$W(y_1, y_2) = \begin{vmatrix} u(x)F(x) & u(x) \\ (u'F + uF')(x) & u'(x) \end{vmatrix}$$

$$= uu'F(x) - uu'F(x) - u^2 F'(x)$$

$$= -u^2 u^{-2} e^{-r(x)} = -e^{-r(x)} \not\equiv 0.$$

したがって，定理 2.3 によって，$y_1 = u(x)$ と $y_2 = u(x)F(x)$ が1次独立であることがわかる． □

問 2.2 微分方程式 $x^2 y'' - 2xy' + 2y = 0$ について，$u(x) = x$ が解であることを確認してから，一般解を求めよ．

上の定理 2.6 で (2.14) の一般解 y_h が求められたとき，(2.13) の一つの特殊解 y_p がみつかれば，定理 2.5 によって，(2.13) の一般解 y は，$y = y_h + y_p$ である．$P(x), Q(x)$ が定数の場合の特殊解 y_p の求め方については，第3章を参照のこと．

次に，補助方程式 (2.14) の特殊解がみつかった場合に，(2.13) の一般解を求める方法を紹介する．

(**II**) $L(y) = 0$ の **1** つの解 $u(x)$ がみつかったときの (2.13) の一般解:

定理 2.7 $L(y) = 0$ の一つの解が $y = u(x)$ であるとき, (2.13) の一般解 $y = y(x)$ は次の式で与えられる.
$$y = u(x) \int \left\{ \frac{1}{u^2} e^{-r(x)} \int e^{r(x)} u(x) R(x) \, dx \right\} dx,$$
ただし, $r(x) = \int P(x) \, dx$ である.

証明. 定理 2.6 の証明と同様に, $y = u(x)v(x)$ とおくと,
$$L(y) = v''u + v'(2u' + P(x)u).$$
よって, $L(y) = R(x)$ は, 次のようになる.
$$v''u + v'(2u' + P(x)u) = R(x)$$
これは先にみたように, $v = v(x)$ について 1 階線形微分方程式に帰着できる. 実際, $p = v'$ とおき, 両辺を u で割ると,
$$p' + \left(2\frac{u'}{u} + P(x)\right) p = \frac{R(x)}{u}$$
を得る. 1 階線形微分方程式の解の公式 (1.13) から
$$r^*(x) = \int \left(2\frac{u'}{u} + P(x)\right) dx = 2\log|u| + \int P(x) \, dx$$
とおいて, p は
$$p = e^{-r^*(x)} \int e^{r^*(x)} \frac{R(x)}{u} \, dx$$
と求まる.
$$e^{r^*(x)} = \exp\left\{2\log|u| + \int P(x) \, dx\right\} = u^2 e^{\int P(x) dx}$$
だから,
$$p = \frac{1}{u^2} e^{-\int P(x) dx} \int e^{\int P(x) dx} u(x) R(x) \, dx$$
が得られる. 最後に $p = v'$ だったから,

2.6 2階線形微分方程式の解の求め方

$$v = \int \left\{ \frac{1}{u^2} e^{-\int P(x)dx} \int e^{\int P(x)dx} u(x) R(x)\, dx \right\} dx.$$

よって，求める解 $y = uv$ は，

$$y = u(x) \int \left\{ \frac{1}{u^2} e^{-\int P(x)dx} \int e^{\int P(x)dx} u(x) R(x)\, dx \right\} dx \tag{2.17}$$

となる．さらに，積分定数を c_1, c_2 と書いて，

$$y = c_1 u(x) + c_2 u(x) F(x) + u(x) G(x) \tag{2.18}$$

と書ける．ただし，$F(x)$ と $G(x)$ は，それぞれ，

$$\frac{1}{u^2} e^{-\int P(x)dx}, \quad \frac{1}{u^2} e^{-\int P(x)dx} \int e^{\int P(x)dx} u(x) R(x)\, dx$$

の原始関数である． □

(III) $L(y) = 0$ の **2** つの **1** 次独立な解 $u_1(x)$ と $u_2(x)$ がみつかったときの (2.13) の一般解：

定理 2.8 $L(y) = 0$ の 2 つの 1 次独立な解 $u_1(x)$ と $u_1(x)$ があるとき，(2.13) の一般解 $y = y(x)$ は次の式で与えられる．

$$y = c_1 u_1(x) + c_2 u_2(x)$$
$$- u_1(x) \int \frac{u_2 R(x)}{W(u_1, u_2)}\, dx + u_2(x) \int \frac{u_1 R(x)}{W(u_1, u_2)}\, dx$$

$(c_1, c_2$ は任意定数$)$．

ただし，$W(u_1, u_2)$ はロンスキー行列式である．

証明． 定理 2.4 によって，$L(y) = 0$ の一般解は，

$$y = c_1 u_1(x) + c_2 u_2(x) \quad (c_1, c_2 \text{ は任意定数})$$

と書ける．このとき，$L(y) = R(x)$ の一般解を「定数変化法」で求めることにする．すなわち，c_1, c_2 を関数 $v_1(x), v_2(x)$ で置き換えてみる．ここで，$v_1(x), v_2(x)$ は C^2-級であるとする．このとき，$y = u_1(x) v_1(x) + u_2(x) v_2(x)$ の両辺を微分すると，

$$y' = u_1' v_1 + u_1 v_1' + u_2' v_2 + u_2 v_2'.$$

ここで，
$$u_1 v_1' + u_2 v_2' = 0 \qquad (2.19)$$
とするとき，$y' = u_1' v_1 + u_2' v_2$ となるから，
$$y'' = u_1'' v_1 + u_1' v_1' + u_2'' v_2 + u_2' v_2'$$
となる．これらの y, y', y'' の式を最初の方程式 (2.13) に代入すると，
$$(u_1'' v_1 + u_1' v_1' + u_2'' v_2 + u_2' v_2') + P(x)(u_1' v_1 + u_2' v_2)$$
$$+ Q(x)(u_1 v_1 + u_2 v_2) = R(x),$$
よって
$$v_1(u_1'' + P(x)u_1' + Q(x)u_1) + v_2(u_2'' + P(x)u_2' + Q(x)u_2)$$
$$+ u_1' v_1' + u_2' v_2' = R(x)$$
であるから
$$v_1 L(u_1) + v_2 L(u_2) + u_1' v_1' + u_2' v_2' = R(x).$$
$L(u_1) = 0$, $L(u_2) = 0$ であったから，
$$u_1' v_1' + u_2' v_2' = R(x). \qquad (2.20)$$
したがって，求める $v_1(x), v_2(x)$ は (2.19) と (2.20) によって次の連立方程式の解となる．
$$\begin{cases} u_1 v_1' + u_2 v_2' = 0 \\ u_1' v_1' + u_2' v_2' = R(x) \end{cases} \iff \begin{pmatrix} u_1 & u_2 \\ u_1' & u_2' \end{pmatrix} \begin{pmatrix} v_1' \\ v_2' \end{pmatrix} = \begin{pmatrix} 0 \\ R(x) \end{pmatrix}$$

u_1, u_2 は1次独立な解であったから，$W(u_1, u_2)(x_0) \neq 0$ となる x_0 が存在することになるが，アーベルの公式より，任意の x において $W(u_1, u_2)(x) \neq 0$ となる．このとき，上の連立方程式の係数行列が正則になるから，解はただ一つ存在して次のように書ける．

$$\begin{pmatrix} v_1' \\ v_2' \end{pmatrix} = \frac{1}{W(u_1, u_2)} \begin{pmatrix} u_2' & -u_2 \\ -u_1' & u_1 \end{pmatrix} \begin{pmatrix} 0 \\ R(x) \end{pmatrix}$$
$$= \frac{1}{W(u_1, u_2)} \begin{pmatrix} -u_2 R(x) \\ u_1 R(x) \end{pmatrix}$$

これより，

2.6 2階線形微分方程式の解の求め方

$$v_1(x) = -\int \frac{u_2 R(x)}{W(u_1, u_2)}\,dx, \quad v_2(x) = \int \frac{u_1 R(x)}{W(u_1, u_2)}\,dx.$$

したがって，求める解は，

$$y = c_1 u_1(x) + c_2 u_2(x) - u_1(x)\int \frac{u_2 R(x)}{W(u_1, u_2)}\,dx + u_2(x)\int \frac{u_1 R(x)}{W(u_1, u_2)}\,dx$$

$$(c_1, c_2 \text{ は任意定数})$$

となる． □

例題 2.6 次の微分方程式を解け．

$$y'' + \frac{1}{x}y' + \frac{1}{x^2}y = \frac{1}{x^2}$$

ただし，$u_1(x) = \cos(\log x)$，$u_2(x) = \sin(\log x)$ が補助方程式の解であることを利用してもよい．

[解答例] ロンスキー行列式は

$$W(u_1, u_2) = \begin{vmatrix} u_1 & u_2 \\ u_1' & u_2' \end{vmatrix} = \begin{vmatrix} \cos(\log x) & \sin(\log x) \\ \dfrac{-1}{x}\sin(\log x) & \dfrac{1}{x}\cos(\log x) \end{vmatrix}$$

$$= \frac{1}{x}\left\{\cos^2(\log x) + \sin^2(\log x)\right\} = \frac{1}{x}.$$

定理 2.8 を用いて，

$$y = c_1 u_1 + c_2 u_2 - u_1 \int \frac{\sin(\log x)}{x}\,dx + u_2 \int \frac{\cos(\log x)}{x}\,dx$$

$$= c_1 u_1 + c_2 u_2 + u_1 \cos(\log x) + u_2 \sin(\log x)$$

$$= c_1 \cos(\log x) + c_2 \sin(\log x) + 1 \quad (c_1, c_2 \text{ は任意定数})$$

と求まる． □

章 末 問 題

1. 次の2階微分方程式を1階に帰着して解け.

(1) $\begin{cases} y'' = \dfrac{x}{\sqrt{x^2+1}}, \\ \text{初期条件}: y(0) = y'(0) = 0. \end{cases}$

(2) $\begin{cases} (x^2+1)y'' + 2xy' = \dfrac{2}{x^3}, \\ \text{初期条件}: y(1) = 1, \ y'(1) = 0. \end{cases}$

(3) $\begin{cases} yy'' + (y')^2 + 1 = 0, \\ \text{初期条件}: y(0) = y'(0) = 1. \end{cases}$

2. 次の2つの関数 $y_1 = y_1(x), y_2 = y_2(x)$ はともに同じ2階線形微分方程式 (2.4) の解である.$y_1 = y_1(x), y_2 = y_2(x)$ が1次独立か1次従属か調べよ.

(1) $y_1 = \log x, \quad y_2 = \log x^\alpha \quad (\alpha \neq 0)$
(2) $y_1 = (x+1)e^x, \quad y_2 = xe^x$
(3) $y_1 = 4\cos 3x, \quad y_2 = 7\cos 3x$
(4) $y_1 = e^x \cos 4x, \quad y_2 = 4e^x \sin 4x$

3. 次の2つの関数 $y_1 = y_1(x), y_2 = y_2(x)$ はともに同じ2階線形微分方程式 (2.4) の解である.y_1, y_2 が1次独立になるためには,定数 k, l, n はどのような条件を満たせばよいか.

(1) $y_1 = e^{kx}, \quad y_2 = e^{lx}$
(2) $y_1 = \cos kx, \quad y_2 = x^n \cos kx$
(3) $y_1 = \sin kx, \quad y_2 = \sin lx$
(4) $y_1 = e^{kx}, \quad y_2 = x^n e^{kx}$
(5) $y_1 = \log kx, \quad y_2 = x^n \log kx$
(6) $y_1 = e^{kx} \cos lx, \quad y_2 = e^{kx} \sin lx$

4. 以下に与えられた2階線形微分方程式 (2.4) の解 $y_1 = y_1(x), y_2 = y_2(x)$ は1次独立か1次従属か調べよ.

$$y_1 = e^{-2x}, \quad y_2 = e^{-2x} \int e^{2x} dx$$

5. $y_1(x), y_2(x)$ を2階線形微分方程式 (2.11) の1次独立な解とし,a, b, c, d を $ad - bc \neq 0$ となる定数とする.このとき $z_1(x) = ay_1(x) + by_2(x), z_2(x) = cy_1(x) + dy_2(x)$ とおくと,$z_1(x), z_2(x)$ も (2.11) の1次独立な解になることを示せ.

6. 次の微分方程式について答えよ.

$$y'' + (x+1)y' + (x+1)y = 0$$

(1) この微分方程式の解 y に対して $z = y' + xy$ とおく．このとき，$z' + z = 0$ を示せ．

(2) 与えられた微分方程式の一般解 $y = y(x)$ を求めよ．

7. 次の非斉次形の微分方程式について答えよ．
$$x^2 y'' + xy' - y = x\cos x - (x^2 + 1)\sin x$$

(1) 補助方程式の一般解 y_h を求めよ．
(2) 関数 $y_p = \sin x$ が特殊解になることを示せ．
(3) 与えられた非斉次形の微分方程式の一般解 $y = y(x)$ を求めよ．

8. 次の線形微分方程式について，$y = u(x)$ が解であることを確認してから，一般解を求めよ．

(1) $x^2 y'' - 3xy' + 4y = 0,\ u(x) = x^2$
(2) $y'' - 4y' + 4y = 0,\ u(x) = e^{2x}$

9. $y_1(x), y_2(x)$ を $W(y_1, y_2)(x) \neq 0$ を満たす関数とする．このとき一般解が $y(x) = c_1 y_1(x) + c_2 y_2(x)$ (c_1, c_2 は任意定数) となる2階線形微分方程式を求めよ．

10. (1) $y(x)$ を2階線形微分方程式 (2.11) の $y(x) \neq 0$ を満たす解として
$$u = -\frac{y'}{y}$$
とおくと，$u(x)$ はリッカチ型方程式
$$u' = u^2 - P(x)u + Q(x)$$
の解になることを示せ．

(2) リッカチ型方程式 $u' = u^2 + P(x)u + Q(x)$ の解 $u(x)$ に対して
$$y(x) = \exp\left(-\int u(x)\,dx\right)$$
とおくと，$y(x)$ は2階線形微分方程式 $y'' - P(x)y' + Q(x)y = 0$ の解になることを示せ．

3
定数係数線形微分方程式

　線形微分方程式で，係数が定数の場合は，定数係数線形微分方程式とよばれ，多くの場合で解を求めることができる．本章では，その解法を学ぶ．

3.1　定数係数線形微分方程式とは

次の形をした微分方程式を**定数係数線形微分方程式**とよぶ．
$$a_0 y^{(n)} + a_1 y^{(n-1)} + \cdots + a_{n-1} y' + a_n y = b(x) \quad (3.1)$$
ここで，係数 a_i はすべて定数 (つまり $a_i \in \mathbf{R}$) である．ただし，$a_0 \neq 0$ とする．

　式 (3.1) の右辺 $b(x)$ は**非斉次項**とよばれ，$b(x) \equiv 0$ のとき，この微分方程式は**斉次形**，$b(x) \not\equiv 0$ のとき**非斉次形**という．

微分演算子
$$L := a_0 \frac{d^n}{dx^n} + a_1 \frac{d^{n-1}}{dx^{n-1}} + \cdots + a_{n-1} \frac{d}{dx} + a_n \quad (3.2)$$
を用いると，(3.1) は
$$Ly = b(x) \quad (3.3)$$
と表すことができる．また，$a_0 \neq 0$ であるので，方程式全体を a_0 で割れば，$a_0 = 1$ としてよいので，$a_0 = 1$ とすることが多い．

3.2 2階定数係数線形微分方程式 (斉次形)

まず,2階の斉次形の場合をみておこう (じつは高階の場合も解くことができるのだが,そのことは3.4節以降でみていく).

斉次形の2階定数係数線形微分方程式は,a, b を実数として

$$y'' + ay' + by = 0 \tag{3.4}$$

と書ける.この微分方程式に対し,**特性方程式**とよばれる2次方程式

$$t^2 + at + b = 0 \tag{3.5}$$

を考える.

以下では,特性方程式の判別式 $a^2 - 4b$ の符号で場合分けし,(3.4) の解およびその解法を紹介する.解法についてはいろいろ知られているが,ここでは1階線形微分方程式に帰着する一つの方法を紹介する (演算子を使った解法もある.3.4節を参照せよ).ただ,斉次形の2階定数係数線形微分方程式の解は,非常に基本的でよく使うものであるから,一度解法を確認した後は,**解の形を覚えておいてほしい**.

$a^2 - 4b > 0$ のとき

特性方程式 (3.5) は2つの異なる実数解をもつ.それを λ_1, λ_2 とする.このとき,微分方程式 (3.4) の解は

$$C_1 e^{\lambda_1 x} + C_2 e^{\lambda_2 x} \quad (C_1, C_2 \text{ は任意定数})$$

で与えられる.

$u = y' - \lambda_2 y$ とおくと,(3.4) より u の微分方程式

$$u' = \lambda_1 u$$

が得られる.これは変数分離形であるから,$u = Ce^{\lambda_1 x}$ (C は任意定数) と解ける.y は1階線形微分方程式

$$y' - \lambda_2 y = u = Ce^{\lambda_1 x}$$

を満たすことから,次のように求めることができる.

$$y = e^{\lambda_2 x} \int e^{-\lambda_2 x} Ce^{\lambda_1 x} \, dx$$

$$= e^{\lambda_2 x}\left(C\frac{1}{\lambda_1-\lambda_2}e^{(\lambda_1-\lambda_2)x}+C_2\right) \quad (C_2 \text{ は任意定数})$$
$$= C_1 e^{\lambda_1 x} + C_2 e^{\lambda_2 x}$$

ここで $C_1 = C/(\lambda_1-\lambda_2)$ とおいた.

$a^2-4b=0$ のとき

特性方程式 (3.5) は実数の重解をもつ. それを λ とする. このとき, 微分方程式 (3.4) の解は
$$C_1 e^{\lambda x} + C_2 x e^{\lambda x} \quad (C_1, C_2 \text{ は任意定数})$$
で与えられる.

$u = y' - \lambda y$ とおくと, (3.4) より u の微分方程式
$$u' = \lambda u$$
が得られる. これは変数分離形であるから, $u = C_2 e^{\lambda x}$ (C_2 は任意定数) と解ける. y は1階線形微分方程式
$$y' - \lambda y = u = C_2 e^{\lambda x}$$
を満たすことから, 次のように求めることができる.
$$y = e^{\lambda x}\int e^{-\lambda x} C_2 e^{\lambda x}\, dx = e^{\lambda x}\int C_2\, dx$$
$$= e^{\lambda x}(C_2 x + C_1) = C_1 e^{\lambda x} + C_2 x e^{\lambda x} \quad (C_1 \text{ は任意定数}).$$

$a^2-4b<0$ のとき

特性方程式 (3.5) は2つの虚数の解をもつ. それを $\alpha \pm \beta i$ (i は虚数単位, α, β は実数, $\beta \ne 0$) とする. このとき, 微分方程式 (3.4) の解は
$$C_1 e^{\alpha x}\cos\beta x + C_2 e^{\alpha x}\sin\beta x \quad (C_1, C_2 \text{ は任意定数})$$
で与えられる.

$u = e^{-\alpha x} y$ とおく. このとき
$$u'' = e^{-\alpha x}(y'' - 2\alpha y' + \alpha^2 y) \stackrel{(3.4)}{=} -\beta^2 e^{-\alpha x} y = -\beta^2 u$$

より，u の微分方程式
$$u'' = -\beta^2 u$$
が得られる．この微分方程式の解は，例 2.1 より
$$u = C_1 \cos \beta x + C_2 \sin \beta x \quad (C_1, C_2 \text{ は任意定数})$$
である．したがって $y = e^{\alpha x} u$ より上記の解を得る．

3.3 微分演算子

定数係数微分方程式は**微分演算子**を用いるとわかりやすく解くことができる．まず，$\dfrac{dy}{dx}$ を簡単に Dy と書く．帰納的に
$$D^n y = D(D^{n-1} y) \quad (n = 2, 3, \cdots)$$
によって $D^n y$ を定めると，
$$D^n y = \frac{d^n y}{dx^n}$$
であることがわかる．変数 t の多項式
$$P(t) = a_0 t^n + a_1 t^{n-1} + \cdots + a_{n-1} t + a_n$$
に対して，微分演算子 $P(D)$ を
$$\begin{aligned}P(D)y &= (a_0 D^n + a_1 D^{n-1} + \cdots + a_{n-1} D + a_n)y \\ &= a_0 D^n y + a_1 D^{n-1} y + \cdots + a_{n-1} Dy + a_n y\end{aligned}$$
によって定めよう．

補題 3.1 (1) $R(t) = P(t) + Q(t)$ を多項式の等式とする．このとき，
$$P(D)y + Q(D)y = R(D)y$$
が成り立つ．

$S(t) = P(t)Q(t)$ を多項式の等式とする．このとき，
$$P(D)(Q(D)y) = S(D)y$$
が成り立つ．

この補題の証明は割愛するが，次の例のように，直接計算により確かめられる．

○例 3.1　等式
$$(D^2 + 2D + 4)((D-3)y) = (D^3 - D^2 - 2D - 12)y$$
を確認してみよう．左辺を計算すると
$$\begin{aligned}(D^2 + 2D + 4)((D-3)y) &= (D^2 + 2D + 4)(Dy - 3y)\\ &= D^3 y - 3D^2 y + 2D^2 y - 6Dy + 4Dy - 12y\\ &= D^3 y - D^2 y - 2Dy - 12y\end{aligned}$$
よって，上記の等式を確認できた．　　　□

次の補題は基本的である．

補題 3.2　実数 α および多項式 $P(t)$ に対し
$$P(D)e^{\alpha x} = P(\alpha)e^{\alpha x}$$
が成り立つ．

証明． $P(t) = a_0 t^n + a_1 t^{n-1} + \cdots + a_{n-1} t + a_n$ とおいて計算すると
$$\begin{aligned}P(D)e^{\alpha x} &= a_0 D^n e^{\alpha x} + a_1 D^{n-1} e^{\alpha x} + \cdots + a_{n-1} D e^{\alpha x} + a_n e^{\alpha x}\\ &= a_0 \alpha^n e^{\alpha x} + a_1 \alpha^{n-1} e^{\alpha x} + \cdots + a_{n-1} \alpha e^{\alpha x} + a_n e^{\alpha x}\\ &= (a_0 \alpha^n + a_1 \alpha^{n-1} + \cdots + a_{n-1} \alpha + a_n)e^{\alpha x}\\ &= P(\alpha) e^{\alpha x}\end{aligned}$$
となる．　　　□

より一般に，次が成り立つ．

補題 3.3　α を実数，$P(t)$ を多項式とする．x の関数 y に対し
$$P(D)(e^{\alpha x} y) = e^{\alpha x} P(D + \alpha) y$$
が成り立つ．（y として定数関数 1 をとれば補題 3.2 が得られる．）

3.3 微分演算子

証明. まず,$P(t) = t^n$ の場合に確かめる.n に関する数学的帰納法で示そう.$n = 1$ のとき,

$$D(e^{\alpha x}y) = (De^{\alpha x})y + e^{\alpha x}Dy$$
$$= \alpha e^{\alpha x}y + e^{\alpha x}Dy = e^{\alpha x}(D+\alpha)y$$

であるから正しい.次に,$n-1$ のとき正しいとすると

$$D^n e^{\alpha x}y = D(D^{n-1}e^{\alpha x}y)$$
$$\stackrel{\text{帰納法}}{=} De^{\alpha x}(D+\alpha)^{n-1}y = e^{\alpha x}(D+\alpha)^n y.$$

したがって,$P(t) = t^n$ の場合には補題が成り立つことがわかった.

一般の場合 $P(t) = a_0 t^n + a_1 t^{n-1} + \cdots + a_n$ も,

$$P(D)e^{\alpha x}y = \sum_{i=0}^{n} a_{n-i} D^i e^{\alpha x}y$$
$$= \sum_{i=0}^{n} a_{n-i} e^{\alpha x}(D+\alpha)^i y$$
$$= e^{\alpha x} \sum_{i=0}^{n} a_{n-i}(D+\alpha)^i y$$
$$= e^{\alpha x} P(D+\alpha)y$$

により,成り立つことがわかった. □

次の補題は次節の定理 3.1 の証明に用いられる.

補題 3.4 k を実数,m を正の整数とする.$2m$ 回微分可能な関数 $\varphi(x)$ に対し

$$(D^2 + k^2)^m \cos(kx)\varphi(x) \quad \text{や} \quad (D^2 + k^2)^m \sin(kx)\varphi(x)$$

は,

$$T \cdot D^m \varphi(x)$$

と表すことができる.ただし,T は,ある多項式 $P(t), Q(t)$ を用いて

$$T = \cos(kx)P(D) + \sin(kx)Q(D)$$

と表される微分演算子である.

証明. m に関する数学的帰納法で証明する．$m=1$ のときは直接計算により
$$(D^2+k^2)\cos(kx)\varphi(x) = (\cos(kx)D - 2k\sin(kx))D\varphi(x),$$
$$(D^2+k^2)\sin(kx)\varphi(x) = (2k\cos(kx) + \sin(kx)D)D\varphi(x)$$
が確かめられる．次に，m のとき補題が正しいとすると
$$(D^2+k^2)^{m+1}\cos(kx)\,\varphi(x)$$
$$= (D^2+k^2)(\cos(kx)\,P(D) + \sin(kx)\,Q(D))D^m\varphi(x)$$
$$= (\cos(kx)\,R(D) + \sin(kx)\,S(D))D^{m+1}\varphi(x).$$
ただし，
$$R(D) = P(D)D + 2kQ(D), \quad S(D) = -2kP(D) + Q(D)D$$
であるから，$m+1$ のときも成り立つ． □

3.4 斉次形の定数係数線形微分方程式

この節では，斉次形の定数係数線形微分方程式
$$Ly = 0 \tag{3.6}$$
について考えよう．ただし，
$$L = D^n + a_1 D^{n-1} + \cdots + a_{n-1}D + a_n \quad (a_i \in \mathbf{R}, i = 1, \cdots, n) \tag{3.7}$$
である．

(3.6) を解くために，その特性方程式というものを考える (2 階のときはすでに 3.2 節で紹介した)．(3.6) の**特性多項式**とは，(t を変数とした) 多項式
$$P(t) = t^n + a_1 t^{n-1} + \cdots + a_{n-1}t + a_n \tag{3.8}$$
のことで，それが 0 と等しいという n 次方程式
$$P(t) = 0 \tag{3.9}$$
を (3.6) の**特性方程式**とよぶ．(3.7) は
$$L = P(D)$$
と表せる．

3.4 斉次形の定数係数線形微分方程式

斉次形の解は,次の性質をもつ.

補題 3.5 (解の線形性) y_1, y_2 を $Ly = 0$ の解とする. このとき,それらの線形和

$$ay_1 + by_2 \quad (a, b \in \mathbf{R})$$

も $Ly = 0$ の解である.

特性方程式の実数解を $\lambda_1, \cdots, \lambda_r$ とし,虚数解を $\mu_1, \overline{\mu}_1, \cdots, \mu_s, \overline{\mu}_s$ とする. 特性方程式は係数が実数なので,虚数解 μ をもつと,必ずその複素共役 $\overline{\mu}$ も特性方程式の解になっていることに注意する. i を虚数単位とし,

$$\mu_k = \alpha_k + \beta_k i$$

と表す. 根 λ_j の重複度を m_j, 根 μ_k の重複度を m'_k で表すと,特性多項式は,

$$P(t) = \prod_{j=1}^{r}(t-\lambda_j)^{m_j} \times \prod_{k=1}^{s}((t-\alpha_k)^2 + \beta_k^2)^{m'_k}$$

と因数分解される.

定理 3.1 (3.6) の解は, $r + 2s = n$ 個の関数

$$e^{\lambda_j x}, \quad xe^{\lambda_j x}, \quad \cdots, \quad x^{m_j - 1}e^{\lambda_j x}$$

$$e^{\alpha_k x}\sin(\beta_k x), \quad xe^{\alpha_k x}\sin(\beta_k x), \quad \cdots, \quad x^{m'_k - 1}e^{\alpha_k x}\sin(\beta_k x)$$

$$e^{\alpha_k x}\cos(\beta_k x), \quad xe^{\alpha_k x}\cos(\beta_k x), \quad \cdots, \quad x^{m'_k - 1}e^{\alpha_k x}\cos(\beta_k x)$$

$(1 \leq j \leq r, 1 \leq k \leq s)$ の線形結合で表される. 上であげた n 個の関数は (3.6) の**基本解**とよばれる.

証明. 実際,解であることは,次のように確認できる. $P(t)$ を $Q_j(t)(t-\lambda)^{m_j}$ と表し, $0 \leq \ell < m_j$ とすると

$$\begin{aligned}P(D)x^\ell e^{\lambda_j x} &= Q_j(D)(D-\lambda_j)^{m_j}e^{\lambda_j x}x^\ell \\ &\stackrel{\text{補題 3.3}}{=} Q_j(D)e^{\lambda_j x}D^{m_j}x^\ell = 0\end{aligned}$$

がわかる. ここで, $D^{m_j}x^\ell = 0 \ (\ell < m_j)$ を用いた. さらに, $P(t)$ を

$R_k(t)\left((t-\alpha_k)^2 + \beta_k^2\right)^{m'_k}$ と表し, $0 \leq \ell < m'_k$ とすると

$$\begin{aligned}P(D)x^\ell e^{\alpha_k x}\sin(\beta_k x) &= R_k(D)((D-\alpha_k)^2 + \beta_k^2)^{m'_k}e^{\alpha_k x}\sin(\beta_k x)x^\ell \\ &= R_k(D)e^{\alpha_k x}(D^2+\beta_k^2)^{m'_k}\sin(\beta_k x)x^\ell \\ &\stackrel{\text{補題 3.4}}{=} R_k(D)e^{\alpha_k x}\,T\,D^{m'_k}x^\ell = 0\end{aligned}$$

(ただし, T はある微分演算子). ここでは, 最後に $D^{m'_k}x^\ell = 0$ $(\ell < m'_k)$ を用いた. また, 基本解の 1 次独立性も確認できる (Web 付章 8.6 節を参照). 詳細は述べられないが, 解の一意性 (2 階の場合は, Web 付章 8.3 節 注意 8.2 を参照, 高階の場合にも成り立つ) を用いると, すべての解がこの基本解の線形結合で書けることがわかる. □

例題 3.1 次の微分方程式を解け.
(1) $y'' - 2y' - 8y = 0$
(2) $y''' - 3y'' + 9y' + 13y = 0$

[解答例] (1) $P(t) = t^2 - 2t - 8$ とおく. $P(t) = (t+2)(t-4)$ より, $P(t) = 0$ の解は $-2, 4$ で, それぞれは重根ではない. したがって, e^{-2x} と e^{4x} が基本解となるため, 一般解は

$$C_1 e^{-2x} + C_2 e^{4x} \quad (C_1, C_2 \text{ は定数})$$

となる.

(2) $P(t) = t^3 - 3t^2 + 9t + 13$ とおく. 因数分解すると $P(t) = (t+1)(t^2 - 4t + 13)$ より $P(t) = 0$ の解は $-1, 2\pm 3i$ で, それぞれは重根ではない. したがって, $e^{-x}, e^{2x}\cos 3x, e^{2x}\sin 3x$ が基本解となるので, 一般解は

$$C_1 e^{-x} + C_2 e^{2x}\cos 3x + C_3 e^{2x}\sin 3x \quad (C_1, C_2, C_3 \text{ は定数})$$

となる. □

問 3.1 次の微分方程式を解け.
(1) $y'' + 2y' - 3y = 0$ (2) $y'' + 6y' + 9y = 0$
(3) $y'' = 4y$ (4) $y''' + y'' + 4y' + 4y = 0$

3.5 非斉次形の定数係数線形微分方程式

本節では，微分方程式

$$P(D)y = b(x) \qquad (3.10)$$

について考えよう．ただし，

$$P(D) = a_0 D^n + a_1 D^{n-1} + \cdots + a_{n-1} D + a_n$$
$$(a_i \in \mathbf{R},\ i = 0, \cdots, n) \qquad (3.11)$$

である．

(3.10) の一つの解 y_0 がみつかったとする．このとき他のすべての解も得ることができる．実際，y を (3.10) の解とすると，$z = y - y_0$ は

$$P(D)z = P(D)y - P(D)y_0 = b(x) - b(x) = 0$$

であるから，z は斉次形 $P(D)z = 0$ の解になっている．逆に，斉次形 $P(D)z = 0$ の解 z に対して，$y = y_0 + z$ は (3.10) の解となる．

非斉次形の解の形

$P(D)y = b(x)$ の一般解 y は，その一つの解 y_0 に対して

$$y = y_0 + \text{「斉次形 } P(D)y = 0 \text{ の一般解」}$$

で与えられる．

以後，(3.10) の一つの解を

$$\frac{1}{P(D)} b(x)$$

と表すと便利なことが多い．例えば $P(t) = t$ のときは，$y' = b(x)$ の一つの解は

$$\frac{1}{D} b(x) = \int b(x)\, dx$$

で与えられる．

3.5.1 非斉次項が指数関数の場合

非斉次項が指数関数となる定数係数線形微分方程式

について考えよう. ただし,
$$P(D) = a_0 D^n + a_1 D^{n-1} + \cdots + a_n \quad (a_i \in \mathbf{R}, i = 0, \cdots, n)$$
である.

D のところに α を代入して得られる実数
$$P(\alpha) = a_0 \alpha^n + a_1 \alpha^{n-1} + \cdots + a_n$$
を考え, この項では $P(\alpha) \neq 0$ のときを調べる ($P(\alpha) = 0$ の場合は 3.5.5 項の解法を用いよ).

$$P(D)y = e^{\alpha x} \tag{3.12}$$

$$y_0 = \frac{1}{P(\alpha)} e^{\alpha x}$$

とおくと
$$P(D)y_0 = P(D)\left(\frac{1}{P(\alpha)} e^{\alpha x}\right) = \frac{1}{P(\alpha)} P(D) e^{\alpha x} = \frac{1}{P(\alpha)} P(\alpha) e^{\alpha x} = e^{\alpha x}$$

が得られるので, y_0 は (3.12) の一つの解である. この解 y_0 は $P(D)^{-1} e^{\alpha x}$ と表記すると記憶しやすいし, 以後とても便利である.

$$\frac{1}{P(D)} e^{\alpha x} = \frac{1}{P(\alpha)} e^{\alpha x}$$

例題 3.2 次の微分方程式を解け.
$$y'' - 5y' + 6y = e^{4x}$$

[解答例] $P(t) = t^2 - 5t + 6$ とおく.
$$\frac{1}{D^2 - 5D + 6} e^{4x} = \frac{1}{4^2 - 5 \cdot 4 + 6} e^{4x} = \frac{1}{2} e^{4x}$$

$P(t) = 0$ の解は $t = 2, 3$ であるから, 斉次形 $P(D)y = 0$ の解は
$$C_1 e^{2x} + C_2 e^{3x} \quad (C_1, C_2 \text{ は任意定数}).$$

したがって, 求める一般解は
$$y = \frac{1}{2} e^{4x} + C_1 e^{2x} + C_2 e^{3x}$$

である. □

問 3.2 微分方程式 $y'' + 4y' + 4y = e^{2x}$ を解け.

3.5.2 複素数値関数

非斉次項が三角関数の場合を扱う準備として，ここで複素数値関数を導入する．**複素数値関数**とは

$$f(x) = \varphi(x) + i\psi(x)$$

という形をした関数のことで，x は実数，$\varphi(x)$ と $\psi(x)$ は通常の実数値関数である．$\varphi(x)$ は $f(x)$ の**実数部分**，$\psi(x)$ は $f(x)$ の**虚数部分**といい，

$$\varphi(x) = \operatorname{Re} f(x), \qquad \psi(x) = \operatorname{Im} f(x)$$

と表記される．$\varphi(x), \psi(x)$ がともに微分可能なとき，$f(x)$ の導関数は実数値関数のときと同様に $\displaystyle\lim_{h \to 0} \frac{f(x+h) - f(x)}{h}$ で定義され，$\varphi'(x) + i\psi'(x)$ に等しい．高階の導関数についても同様で，$f^{(n)}(x) = \varphi^{(n)}(x) + i\psi^{(n)}(x)$ である．さらに，多項式 $P(t)$ に対して微分演算子 $P(D)$ は複素数値関数に対しても用いることができ，

$$P(D)f(x) = P(D)\varphi(x) + iP(D)\psi(x)$$

が成り立つ．$P(t)$ が実数係数多項式のとき，この等式は

$$\begin{aligned}
\operatorname{Re} P(D)f(x) &= P(D)\operatorname{Re} f(x), \\
\operatorname{Im} P(D)f(x) &= P(D)\operatorname{Im} f(x)
\end{aligned} \tag{3.13}$$

を意味している．

3.5.3 非斉次項が三角関数の場合

三角関数の場合も，指数関数の定義域を複素数に拡張することによって，美しく解くことができる．複素数 $\alpha = a + bi$ (a, b は実数，i は虚数単位) 対して，e^α は

$$e^\alpha = e^a(\cos b + i \sin b) \tag{3.14}$$

と定義される．純虚数の場合の

$$e^{i\theta} = \cos\theta + i\sin\theta \tag{3.15}$$

はオイラー (Euler) の "等式" とよばれているが，左辺が定義されていない状況では，左辺を右辺で "定義" していると考えてよい．この定義が自然であることをみてみよう．

---
e^α の定義について

$\alpha = a + bi$ を複素数 (a, b は実数) とし，複素数値関数
$$y = e^{ax}(\cos bx + i \sin bx)$$
を考える．微分すると
$$y' = ae^{ax}(\cos bx + i \sin bx) + e^{ax}(-b \sin bx + ib \cos bx)$$
$$= (a + bi)e^{ax}(\cos bx + i \sin bx) = \alpha y$$
がわかる．また $y(0) = 1$ も確かめられる．α が実数のとき $y' = \alpha y$ ($y(0) = 1$) の解は e^{ax} であったから，α が複素数のときの $e^{\alpha x}$ の定義を $e^{ax}(\cos bx + i \sin bx)$ とすることが自然である．$x = 1$ を代入し (3.14) を得る．

とにかく，本書で必要となるのは $y = e^{\alpha x} = e^{ax}(\cos bx + i \sin bx)$ が
$$y' = \alpha y \tag{3.16}$$
を満たすという事実である．このとき
$$P(D)e^{\alpha x} = P(\alpha)e^{\alpha x}$$
であるので，$P(\alpha) \neq 0$ であれば
$$\frac{1}{P(D)}e^{\alpha x} = \frac{1}{P(\alpha)}e^{\alpha x}$$
は複素数 α に対してもそのまま成り立つ．$P(\alpha) = 0$ が現れる場合は 3.5.5 項の解法を用いよ．

(3.15) の θ に $-\theta$ を代入し，$\cos(-\theta) = \cos\theta, \sin(-\theta) = -\sin\theta$ であるから，$e^{-i\theta} = \cos\theta - i\sin\theta$ である．よって
$$\cos\theta = \frac{e^{i\theta} + e^{-i\theta}}{2}, \tag{3.17}$$
$$\sin\theta = \frac{e^{i\theta} - e^{-i\theta}}{2i} \tag{3.18}$$
が得られる．

以上を組み合わせると，非斉次項が三角関数のときの解法が得られる．例題でみていこう．

3.5 非斉次形の定数係数線形微分方程式

例題 3.3 次の微分方程式を解け．

$$y'' + 3y' + 2y = 5\cos x$$

[解答例]　$P(D) = D^2 + 3D + 2$ とおく．与えられた微分方程式は

$$P(D)y = \frac{5}{2}(e^{ix} + e^{-ix})$$

である．一つの解は

$$\frac{1}{P(D)}\left(\frac{5}{2}(e^{ix} + e^{-ix})\right) = \frac{5}{2}\left(\frac{1}{D^2 + 3D + 2}e^{ix} + \frac{1}{D^2 + 3D + 2}e^{-ix}\right)$$

$$= \frac{5}{2}\left(\frac{1}{i^2 + 3i + 2}e^{ix} + \frac{1}{(-i)^2 + 3(-i) + 2}e^{-ix}\right)$$

$$= \frac{5}{2}\left(\frac{1 - 3i}{10}e^{ix} + \frac{1 + 3i}{10}e^{-ix}\right)$$

$$= \frac{1}{2}\frac{e^{ix} + e^{-ix}}{2} + \frac{3}{2}\frac{e^{ix} - e^{-ix}}{2i} = \frac{1}{2}\cos x + \frac{3}{2}\sin x$$

のようにして求められる．斉次形 $P(D)y = 0$ の解は $C_1 e^{-x} + C_2 e^{-2x}$ であるから，一般解は

$$\frac{1}{2}\cos x + \frac{3}{2}\sin x + C_1 e^{-x} + C_2 e^{-2x} \quad (C_1, C_2 \text{ は任意定数})$$

である．　□

例題 3.4 次の微分方程式を解け．

$$y'' + 3y = \sin 2x$$

[解答例]　$P(D) = D^2 + 3$ とおく．与えられた微分方程式は

$$P(D)y = \frac{1}{2i}(e^{2ix} - e^{-2ix})$$

である．一つの解は

$$\frac{1}{P(D)}\left(\frac{1}{2i}(e^{2ix} - e^{-2ix})\right) = \frac{1}{2i}\left(\frac{1}{D^2 + 3}e^{2ix} - \frac{1}{D^2 + 3}e^{-2ix}\right)$$

$$= \frac{1}{2i}\left(\frac{1}{(2i)^2 + 3}e^{2ix} - \frac{1}{(-2i)^2 + 3}e^{-2ix}\right)$$

$$= -\frac{1}{2i}(e^{2ix} - e^{-2ix}) = -\sin 2x$$

のようにして求められる．斉次形 $P(D)y=0$ の解は $C_1\cos\sqrt{3}x+C_2\sin\sqrt{3}x$ であるから，一般解は

$$-\sin 2x + C_1\cos\sqrt{3}x + C_2\sin\sqrt{3}x \quad (C_1, C_2 \text{ は任意定数})$$

である． □

問 3.3 微分方程式 $y'' + y' - 6y = \cos 3x$ を解け．

3.5.4 非斉次項が多項式の場合

次に，非斉次項 $b(x)$ が多項式の場合

$$P(D)y = b(x), \qquad (3.19)$$
$$b(x) = b_0 x^d + b_1 x^{d-1} + \cdots + b_d \quad (b_i \in \mathbf{R}, \ i = 0, \cdots, d)$$

を考えよう．まず，特性多項式 $P(t)$ を t でできる限り割っておく．つまり

$$P(t) = Q(t)t^m \quad (\text{ただし } Q(0) \neq 0)$$

と表す．次に，$\dfrac{1}{Q(t)}$ を t の関数とみて，d 次までマクローリン展開する．

$$\frac{1}{Q(t)} = q_0 + q_1 t + \cdots + q_d t^d + \cdots \quad \left(q_k = \frac{1}{k!}\left(\frac{1}{Q(t)}\right)^{(k)}\bigg|_{t=0}\right) \tag{3.20}$$

ここで $(d+1)$ 次以降を切り取って得られる多項式

$$R(t) = q_0 + q_1 t + \cdots + q_d t^d$$

を考える．(3.20) から $\dfrac{1}{Q(t)} - R(t)$ の d 次までの導関数が $t=0$ においてすべて 0 であるので，$Q(t)R(t) - 1 = -Q(t)\left(\dfrac{1}{Q(t)} - R(t)\right)$ もライプニッツの公式により d 次までの導関数は $t=0$ においてすべて 0 である．以上のことと $Q(t)R(t) - 1$ は多項式であることから，$Q(t)R(t) - 1$ は t^{d+1} で割り切れる多項式であることがわかる．つまり

$$Q(t)R(t) = 1 + S(t)t^{d+1} \tag{3.21}$$

となる多項式 $S(t)$ がある．(3.19) の解の一つは

3.5 非斉次形の定数係数線形微分方程式

$$\underbrace{\int\cdots\int}_{m} R(D)b(x)\underbrace{dx\cdots dx}_{m}$$

で得られる．実際，

$$P(D)\left(\underbrace{\int\cdots\int}_{m} R(D)b(x)\underbrace{dx\cdots dx}_{m}\right)$$

$$= Q(D)D^m \left(\underbrace{\int\cdots\int}_{m} R(D)b(x)\underbrace{dx\cdots dx}_{m}\right)$$

$$= Q(D)R(D)b(x)$$

$$\stackrel{(3.21)}{=} \left(1+S(D)D^{d+1}\right)b(x)$$

$$= b(x)+S(D)D^{d+1}b(x)$$

$$= b(x).$$

最後の等式は，$b(x)$ が d 次なので，$D^{d+1}b(x)=0$ であることから従う．

以上の解法は，次の形式的解法を正当化している．

――― 非斉次項が多項式の場合の形式的解法 ―――

微分方程式 (3.19) の一つの解は次のように求めることができる．

$$\frac{1}{P(D)}b(x) = \frac{1}{D^m}\frac{1}{Q(D)}b(x)$$

$$= \frac{1}{D^m}(q_0+q_1 D+\cdots+q_d D^d+\cdots)b(x)$$

$$= \frac{1}{D^m}(q_0+q_1 D+\cdots+q_d D^d)b(x)$$

$$= \underbrace{\int\cdots\int}_{m}(q_0+q_1 D+\cdots+q_d D^d)b(x)\underbrace{dx\cdots dx}_{m}$$

例題 3.5 次の微分方程式を解け．

$$y''-3y'-4y = x^2$$

[解答例] $P(D) = D^2 - 3D - 4$ とおく．与えられた微分方程式は
$$P(D)y = x^2$$
である．$\dfrac{1}{P(t)}$ のマクローリン展開
$$\frac{1}{P(t)} = -\frac{1}{4} + \frac{3}{16}t - \frac{13}{64}t^2 + \cdots$$
を用いて，一つの解は
$$\frac{1}{P(D)}x^2 = \left(-\frac{1}{4} + \frac{3}{16}D - \frac{13}{64}D^2\right)x^2$$
$$= -\frac{1}{4}x^2 + \frac{3}{8}x - \frac{13}{32}$$
と求まる．斉次形 $P(D)y = 0$ の一般解は，$P(t) = 0$ の解が $-1, 4$ であるから，$C_1 e^{-x} + C_2 e^{4x}$．したがって，与えられた微分方程式の一般解は
$$-\frac{1}{4}x^2 + \frac{3}{8}x - \frac{13}{32} + C_1 e^{-x} + C_2 e^{4x} \quad (C_1, C_2 \text{ は任意定数})$$
である． □

問 3.4 微分方程式 $y'' + y = x^3$ を解け．

3.5.5 非斉次項が指数関数，三角関数，多項式の積の場合

この項では，次の形の微分方程式
$$P(D)y = e^{\alpha x}\cos(\beta x)b(x), \quad \text{もしくは} \quad e^{\alpha x}\sin(\beta x)b(x)$$
を扱う．ただし $b(x)$ は x の多項式とする．この章の前項までの微分方程式はこの形の微分方程式の特殊な場合になっているので，じつはここでの解法をマスターすれば，通常扱われる定数係数線形微分方程式はほぼ解くことができる．

命題 3.1 $P(t)$ を多項式とする．このとき，
$$\frac{1}{P(D)}e^{\alpha x}\varphi(x) = e^{\alpha x}\frac{1}{P(D+\alpha)}\varphi(x)$$
が成り立つ．

3.5 非斉次形の定数係数線形微分方程式

証明. 補題 3.3 を用いれば

$$P(D)e^{\alpha x}\frac{1}{P(D+\alpha)}\varphi(x) = e^{\alpha x}P(D+\alpha)\frac{1}{P(D+\alpha)}\varphi(x) = e^{\alpha x}\varphi(x)$$

であることがわかる. □

同様に，(3.13) より次もわかる.

命題 3.2 $P(t)$ を実数係数の多項式とし，$\varphi(x)$ を複素数値の C^∞-関数とする. このとき,

$$\frac{1}{P(D)}\operatorname{Re}\varphi(x) = \operatorname{Re}\frac{1}{P(D)}\varphi(x),$$

$$\frac{1}{P(D)}\operatorname{Im}\varphi(x) = \operatorname{Im}\frac{1}{P(D)}\varphi(x)$$

が成り立つ.

上の 2 つの命題から

$$e^{\alpha x}\cos(\beta x) = \operatorname{Re} e^{(\alpha+\beta i)x}, \qquad e^{\alpha x}\sin(\beta x) = \operatorname{Im} e^{(\alpha+\beta i)x}$$

に注意すると，次の解法が得られる.

── 非斉次項が指数関数，三角関数，多項式の積の場合の形式的解法 ──

$P(D)y = e^{\alpha x}\cos(\beta x)b(x)$ の場合（ただし $b(x)$ は多項式).

$$\frac{1}{P(D)}e^{\alpha x}\cos(\beta x)b(x) = \frac{1}{P(D)}\operatorname{Re} e^{(\alpha+\beta i)x}b(x)$$

$$= \operatorname{Re}\frac{1}{P(D)}e^{(\alpha+\beta i)x}b(x)$$

$$= \operatorname{Re} e^{(\alpha+\beta i)x}\frac{1}{P(D+\alpha+\beta i)}b(x).$$

最後に $\dfrac{1}{P(D+\alpha+\beta i)}b(x)$ は前 3.5.4 項の解法で求める.
三角関数が入っていない場合は $\beta = 0$ のときとみなし Re をとる必要はない. $P(D)y = e^{\alpha x}\sin(\beta x)b(x)$ の場合は Re を Im に置き換えればよい.

例題 3.6 次の微分方程式を解け.
$$y'' + 2y' + 2y = e^{-2x}(x+1)$$

[解答例] $P(t) = t^2 + 2t + 2 = (t+1)^2 + 1$ とおく. $P(t) = 0$ の解は $-1 \pm i$ であるから, 斉次形 $P(D)y = 0$ の解は
$$C_1 e^{-x} \cos x + C_2 e^{-x} \sin x.$$

与えられた微分方程式の一つの解 y_0 は
$$y_0 = \frac{1}{(D+1)^2 + 1} e^{-2x}(x+1)$$
$$= e^{-2x} \frac{1}{(D-1)^2 + 1}(x+1)$$
$$= e^{-2x} \left(\frac{1}{2} + \frac{1}{2}D \right)(x+1)$$
$$= e^{-2x} \left(\frac{1}{2}x + 1 \right)$$

と求まる. よって, 一般解は
$$y = e^{-2x} \left(\frac{1}{2}x + 1 \right) + C_1 e^{-x} \cos x + C_2 e^{-x} \sin x \quad (C_1, C_2 \text{ は任意定数})$$
である. □

例題 3.7 次の微分方程式を解け.
$$y'' - 2y' + y = x^2 e^{2x} \cos x$$

[解答例]
$$\frac{1}{(D-1)^2} e^{2x} (\cos x) x^2 = \frac{1}{(D-1)^2} \operatorname{Re} e^{(2+i)x} x^2$$
$$= \operatorname{Re} \frac{1}{(D-1)^2} e^{(2+i)x} x^2$$
$$= \operatorname{Re} e^{(2+i)x} \frac{1}{(D+1+i)^2} x^2$$
$$= \operatorname{Re} e^{(2+i)x} \left(-\frac{i}{2} + \frac{1+i}{2}D - \frac{3}{4}D^2 \right) x^2$$
$$= \operatorname{Re} e^{(2+i)x} \frac{(2x-3) - i(x^2 - 2x)}{2}$$

3.5 非斉次形の定数係数線形微分方程式   71

$$= \operatorname{Re} e^{2x}(\cos x + i\sin x)\frac{(2x-3) - i(x^2 - 2x)}{2}$$

$$= e^{2x}\frac{(2x-3)\cos x + (x^2 - 2x)\sin x}{2}$$

一般解は

$$y = \frac{(2x-3)\cos x + (x^2 - 2x)\sin x}{2}e^{2x} + C_1 e^x + C_2 x e^x$$

(C_1, C_2 は任意定数) である. □

問 3.5 微分方程式 $y'' - 2y' - 3y = x\sin x$ を解け.

3.5.6 未定係数を用いた特殊解の求め方

非斉次線形微分方程式

$$P(D)y = e^{\alpha x}\cos(\beta x)b(x) \tag{3.22}$$

(ただし $b(x)$ は多項式) について,上記の記号的解法の他に未定係数を用いた特殊解の求め方がある.

前項までの解法をみてもわかるとおり,特殊解は

$$y_0 = e^{\alpha x}\cos(\beta x)A(x) + e^{\alpha x}\sin(\beta x)B(x)$$

(ただし $A(x), B(x)$ は多項式) の形になることがわかる.さらに,$P(t) = 0$ が複素数 $\alpha + \beta i$ を f 重根としてもっているとすると,多項式 $A(x), B(x)$ の次数は,$b(x)$ の次数に f を加えたもの以下となる (注:$\alpha + \beta i$ が $P(t) = 0$ の解でないときは $f = 0$).

以上から,$A(x), B(x)$ を未定多項式として,この y_0 を (3.22) に代入し,$A(x), B(x)$ を求め,特殊解を得ることができる.

例題 3.8 次の微分方程式を解け.

$$y'' + 2y = 4x^2 - 2$$

[解答例] 特殊解として $y_0 = ax^2 + bx + c$ という形のものがあるはずである.問題の微分方程式に代入すると

$$2a + 2(ax^2 + bx + c) = 4x^2 - 2$$

が得られる.係数を比較し,$a = 2, b = 0, c = -3$ を得る.つまり $y_0 = 2x^2 - 3$ である.補助方程式 $y'' + 2y = 0$ の解は $C_1 \cos\sqrt{2}x + C_2 \sin\sqrt{2}x$ であるか

ら，問題の方程式の解は
$$2x^2 - 3 + C_1 \cos\sqrt{2}x + C_2 \sin\sqrt{2}x \quad (C_1, C_2 \text{ は任意定数})$$
と求まる． □

例題 3.9 次の微分方程式を解け．
$$y'' + y' - 2y = \cos 2x$$

[解答例] 特殊解 として $y_0 = A\cos 2x + B\sin 2x$ の形 (A, B は定数) のものを求める．問題の微分方程式に代入すると
$$(-6A + 2B)\cos 2x - (2A + 6B)\sin 2x = \cos 2x.$$
したがって $-6A + 2B = 1, 2A + 6B = 0$ より，これを解くと $A = -\dfrac{3}{20}$, $B = \dfrac{1}{20}$ であるから
$$y_0 = -\frac{3}{20}\cos 2x + \frac{1}{20}\sin 2x$$
が得られた．よって，求める解は
$$y = -\frac{3}{20}\cos 2x + \frac{1}{20}\sin 2x + C_1 e^{-2x} + C_2 e^x \quad (C_1, C_2 \text{ は任意定数})$$
となる． □

3.5.7 非斉次項が一般の場合

非斉次項が一般の関数のときも解を積分を用いて表すことができる．積分が実行できる場合は解を求めることができる．

まず，
$$P(t) = \prod_{i=1}^{\ell}(t - \lambda_i)^{m_i}$$
と因数分解しておく．
$$\frac{1}{(D-\lambda)^m}\varphi(x) = \frac{1}{(D-\lambda)^m}e^{\lambda x}e^{-\lambda x}\varphi(x)$$
$$= e^{\lambda x}\frac{1}{D^m}e^{-\lambda x}\varphi(x)$$
$$= e^{\lambda x}\underbrace{\int\cdots\int}_{m} e^{-\lambda x}\varphi(x)\underbrace{dx\cdots dx}_{m}$$

3.6 オイラー型の微分方程式

であるから,

$$\frac{1}{P(D)}b(x) = \frac{1}{(D-\lambda_1)^{m_1}} \cdots \frac{1}{(D-\lambda_\ell)^{m_\ell}}b(x)$$
$$= \left(e^{\lambda_1 x}\underbrace{\int\cdots\int}_{m_1} e^{-\lambda_1 x}\right) \cdots \left(e^{\lambda_\ell x}\underbrace{\int\cdots\int}_{m_\ell} e^{-\lambda_\ell x}\right)b(x)\underbrace{dx\cdots dx}_{m_1+\cdots+m_\ell}.$$

例題 3.10 次の微分方程式を解け.

$$y'' - 2y' + y = e^x \log x$$

[解答例] 特性多項式は $P(t) = t^2 - 2t + 1 = (t-1)^2$ である. 一つの解は

$$\frac{1}{(D-1)^2}e^x \log x = e^x \frac{1}{D^2}\log x$$
$$= e^x \iint \log x \, dx dx$$
$$= e^x \left(\frac{1}{2}x^2 \log x - \frac{3}{4}x^2\right).$$

斉次形 $P(D)y = 0$ の解は $C_1 e^x + C_2 x e^x$ であるから, 求める一般解は

$$e^x\left(\frac{1}{2}x^2\log x - \frac{3}{4}x^2\right) + C_1 e^x + C_2 x e^x \quad (C_1, C_2 \text{ は任意定数})$$

である. □

3.6 オイラー型の微分方程式

ここでは, 定数係数線形微分方程式に帰着できる微分方程式として, オイラー型の微分方程式を紹介する.

> 次の形をした微分方程式を**オイラー (Euler) 型の微分方程式**とよぶ[1].
> $$x^n y^{(n)} + a_1 x^{n-1} y^{(n-1)} + \cdots + a_{n-1} xy' + a_n y = b(x)$$
> $$(a_i \in \mathbf{R}, \ i = 1, \cdots, n, \ b(x) \text{ は多項式})$$

---
[1] 同次線形微分方程式とかコーシー (Cauchy) の微分方程式とよぶ場合もある.

オイラー型の微分方程式は

$$t = \log x$$

とおき，t の微分方程式に直すと定数係数線形微分方程式になることが知られている．このことは，次の命題からすぐにわかるであろう．

> **命題 3.3** 自然数 n に対し
> $$x^n y^{(n)} = \frac{d}{dt}\left(\frac{d}{dt}-1\right)\left(\frac{d}{dt}-2\right)\cdots\left(\frac{d}{dt}-(n-1)\right)y \quad (3.23)$$
> が成り立つ．

証明． n についての数学的帰納法で示す．$n = 1$ のときは

$$xy' = x \cdot \frac{dy}{dt} \cdot \frac{dt}{dx} = x \cdot \frac{dy}{dt} \cdot \frac{1}{x} = \frac{d}{dt}y$$

より正しい．この式は $x\dfrac{d}{dx} = \dfrac{d}{dt}$ を意味する．次に n のとき正しいとして，$n+1$ のときを示す．n のときの命題の式 (3.23) の両辺に $x\dfrac{d}{dx} = \dfrac{d}{dt}$ をほどこすと

$$nx^n y^{(n)} + x^{n+1} y^{(n+1)} = \frac{d}{dt}\left(\frac{d}{dt}-1\right)\left(\frac{d}{dt}-2\right)\cdots\left(\frac{d}{dt}-(n-1)\right)\frac{dy}{dt}$$

となる．左辺の第 1 項を右辺に移項し，

$$x^{n+1} y^{(n+1)} = \frac{d}{dt}\left(\frac{d}{dt}-1\right)\left(\frac{d}{dt}-2\right)\cdots\left(\frac{d}{dt}-(n-1)\right)\frac{dy}{dt} - nx^n y^{(n)}$$

を得る．右辺の第 2 項に帰納法の仮定 (3.23) を用い整理すると

$$x^{n+1} y^{(n+1)} = \frac{d}{dt}\left(\frac{d}{dt}-1\right)\left(\frac{d}{dt}-2\right)\cdots\left(\frac{d}{dt}-n\right)y$$

を得る． □

例題 3.11 次の微分方程式を解け．

$$x^2 y'' + xy' + y = x^3$$

[解答例] $t = \log x$ とおき，微分方程式を書き直すと

$$\frac{d}{dt}\left(\frac{d}{dt}-1\right)y + \frac{d}{dt}y + y = e^{3t},$$

つまり
$$\frac{d^2}{dt^2}y + y = e^{3t} \tag{3.24}$$

が得られる.変数 t についての演算子 $\dfrac{d}{dt}$ を(変数が x のときの $D = \dfrac{d}{dx}$ と区別するため) δ で表すと,(3.24) の一つの解は

$$y_0 = \frac{1}{\delta^2 + 1}e^{3t} = \frac{1}{3^2 + 1}e^{3t} = \frac{1}{10}e^{3t}$$

と求められる.したがって (3.24) の解は

$$y = \frac{1}{10}e^{3t} + C_1 \cos t + C_2 \sin t \quad (C_1, C_2 \text{ は任意定数})$$

である.最後に x の式で表すと

$$y = \frac{1}{10}x^3 + C_1 \cos(\log x) + C_2 \sin(\log x)$$

となる. □

問 3.6 微分方程式 $x^2 y'' - xy' + y = \log x$ を解け.

章末問題

1. 次の微分方程式の基本解を求めよ.
  (1) $y'' + 9y' + 18y = 0$ (2) $y'' - 8y' + 16y = 0$
  (3) $y'' + 2y' + 5y = 0$ (4) $y''' + y'' - y' - y = 0$
  (5) $y''' - 6y'' + 12y' - 8y = 0$ (6) $y''' - 5y'' + 11y' - 7y = 0$

2. 2 階定数係数線形微分方程式 (3.4) のすべての解 $y(x)$ が $\lim\limits_{x \to \infty} y(x) = 0$ となる必要十分条件を a, b を用いて表せ.

3. 次の微分方程式を解け.
  (1) $y'' - y' - 2y = x + 1$ (2) $y'' - 2y' - 3y = x$
  (3) $y''' - 4y' = x^2$ (4) $y''' + 5y'' + 6y' = x$
  (5) $y^{(4)} - y = x^2$

4. 次の微分方程式を解け.
  (1) $y' + 3y = e^{-5x}$ (2) $y'' - y = e^{2x}$
  (3) $y'' - 6y' + 9y = \sin x$ (4) $y'' + 3y' + 2y = \cos 2x$

5. 次の微分方程式を解け.
 (1) $y'' - y' - 2y = e^x x$
 (2) $y'' - 3y' + 2y = e^{2x}(x+1)$
 (3) $y'' - 4y' + 4y = e^{2x}x^2$
 (4) $y' - y = xe^x \sin x$

6. 次の微分方程式を解け.
 (1) $y'' + 4y' + 4y = e^{-2x}\sqrt{x}$
 (2) $x^2 y'' - xy' - 8y = x^2$

7. k を定数としてオイラー型方程式
$$y'' + \frac{k}{x^2}y = 0 \quad (x \geq 1)$$
を考える.この方程式のすべての解 $y(x)$ が区間 $[1, \infty)$ 上に無限個の零点 ($y(x) = 0$ となる点 x のこと) をもつための必要十分条件を k を用いて表せ.

4
定数係数連立線形微分方程式

この章では，定数係数連立線形微分方程式について考察する．具体的に，4.1 節では斉次形の定数係数連立線形微分方程式を扱い，その一般解の指数行列を用いた表現を学ぶ．また，4.2 節では斉次形の定数係数連立線形微分方程式の平衡点とその安定性について述べる．特に，微分方程式の係数行列の固有値を分類し，解曲線の振る舞いと平衡点との関係性を調べる．最後に，4.3 節において非斉次形の定数係数連立線形微分方程式の一般解を定数変化法を用いて導出する．

4.1 斉次形の定数係数連立線形微分方程式

まず，行列 A に対して指数行列 e^A を定義し，その基本的性質を調べる．

定義 4.1 $N \in \mathbf{N}$ に対し，$N \times N$ 型正方行列 A の**指数行列** e^A を次で定義する．
$$e^A = \sum_{n=0}^{\infty} \frac{1}{n!} A^n$$

命題 4.1 任意の A に対し，e^A は収束する．

証明． $A = (a_{ij})$ とし，正数 M を $\max_{i,j}\{|a_{ij}|\} \leq M$ であるようにとる．このとき A^n の ij 成分を $a_{ij}^{(n)}$ とすると，
$$\max_{i,j}\{|a_{ij}^{(n)}|\} \leq N^{n-1} M^n \tag{4.1}$$
がすべての $n \in \mathbf{N}$ に対して成立する．実際，(4.1) を数学的帰納法で示す．

$n=1$ のとき，(4.1) は明らかに成り立つ．次に $n=n_0$ のとき (4.1) が成り立つと仮定すると，

$$\left|a_{ij}^{(n_0+1)}\right| = \left|\sum_{l=1}^{N} a_{il}^{(n_0)} a_{lj}\right| \leq \sum_{l=1}^{N} \left|a_{il}^{(n_0)}\right| |a_{lj}|$$

$$\leq \sum_{l=1}^{N} N^{n_0-1} M^{n_0} M = N^{n_0} M^{n_0+1}$$

となり，$n = n_0 + 1$ のときも (4.1) が成り立ち，したがって，(4.1) がすべての $n \in \mathbf{N}$ に対して成り立つ．

さて，e^A の ij 成分は $\delta_{ij} + \sum_{n=1}^{\infty} \frac{1}{n!} a_{ij}^{(n)}$ であるから $\sum_{n=1}^{\infty} \frac{1}{n!} a_{ij}^{(n)}$ が収束することを確かめればよい[1]．(4.1) より，

$$\sum_{n=1}^{\infty} \left|\frac{1}{n!} a_{ij}^{(n)}\right| \leq \sum_{n=1}^{\infty} \frac{1}{n!} N^{n-1} M^n = \frac{1}{N} \sum_{n=1}^{\infty} \frac{(NM)^n}{n!} = \frac{1}{N}(e^{NM} - 1)$$

と評価され，$\sum_{n=1}^{\infty} \frac{1}{n!} a_{ij}^{(n)}$ が収束することがわかり，ゆえに e^A も収束することが示された． □

次に，e^A に関する基本的な性質を述べる．

補題 4.1 A, B を行列，P を正則行列とするとき次が成り立つ．

(1) $AB = BA$ ならば $e^{A+B} = e^A e^B$．

(2) $e^{PAP^{-1}} = P e^A P^{-1}$

(3) $\dfrac{d}{dt} e^{tA} = A e^{tA}$

証明． (1) 仮定より $AB = BA$ であるから，

$$e^{A+B} = \sum_{n=0}^{\infty} \frac{1}{n!}(A+B)^n = \sum_{n=0}^{\infty} \frac{1}{n!} \sum_{p+q=n} \frac{n!}{p!q!} A^p B^q$$

$$= \left(\sum_{p=0}^{\infty} \frac{1}{p!} A^p\right)\left(\sum_{q=0}^{\infty} \frac{1}{q!} B^q\right) = e^A e^B$$

となり，求める等式が得られる．

---

[1] ここで δ_{ij} は $i = j$ のとき 1 を，$i \neq j$ のとき 0 を表す記号であり，**クロネッカーのデルタ**という．

4.1 斉次形の定数係数連立線形微分方程式

(2) $(PAP^{-1})^n = PA^nP^{-1}$ に注意して,

$$e^{PAP^{-1}} = \sum_{n=0}^{\infty} \frac{1}{n!}(PAP^{-1})^n = \sum_{n=0}^{\infty} \frac{1}{n!}PA^nP^{-1}$$

$$= P\left(\sum_{n=0}^{\infty} \frac{1}{n!}A^n\right)P^{-1} = Pe^AP^{-1}$$

となり, 求める等式が得られる.

(3) 級数と微分を交換して,

$$\frac{d}{dt}e^{tA} = \frac{d}{dt}\sum_{n=0}^{\infty} \frac{t^n}{n!}A^n = \sum_{n=1}^{\infty} \frac{t^{n-1}}{(n-1)!}A^n = A\sum_{n=0}^{\infty} \frac{t^n}{n!}A^n = Ae^{tA}$$

となり, 求める等式が得られる. □

系 4.1 A を行列とするとき, e^A は正則行列であり, その逆行列は e^{-A} となる.

証明. E で単位行列を, O で零行列を表す. A と $-A$ は明らかに可換であるから, 補題4.1(1) より,

$$E = e^O = e^{A-A} = e^A e^{-A}$$

が成り立つ. これは e^A が正則行列であり, その逆行列は e^{-A} であることを意味する. □

次に, 特に $N=2$ の場合に対し, 具体的な行列の指数行列を計算する.

補題 4.2 (1) $A = \begin{pmatrix} a & 0 \\ 0 & b \end{pmatrix}$ ならば $e^{tA} = \begin{pmatrix} e^{at} & 0 \\ 0 & e^{bt} \end{pmatrix}$.

(2) $A = \begin{pmatrix} 0 & a \\ -a & 0 \end{pmatrix}$ ならば $e^{tA} = \begin{pmatrix} \cos at & \sin at \\ -\sin at & \cos at \end{pmatrix}$.

(3) $A = \begin{pmatrix} a & 1 \\ 0 & a \end{pmatrix}$ ならば $e^{tA} = e^{at}\begin{pmatrix} 1 & t \\ 0 & 1 \end{pmatrix}$.

(4) $A = \begin{pmatrix} a & b \\ -b & a \end{pmatrix}$ ならば $e^{tA} = e^{at}\begin{pmatrix} \cos bt & \sin bt \\ -\sin bt & \cos bt \end{pmatrix}$.

証明. (1) $A^n = \begin{pmatrix} a^n & 0 \\ 0 & b^n \end{pmatrix}$ に注意して，

$$e^{tA} = \sum_{n=0}^{\infty} \frac{t^n}{n!} A^n = \sum_{n=0}^{\infty} \frac{t^n}{n!} \begin{pmatrix} a^n & 0 \\ 0 & b^n \end{pmatrix}$$

$$= \begin{pmatrix} \sum_{n=0}^{\infty} \frac{1}{n!}(at)^n & 0 \\ 0 & \sum_{n=0}^{\infty} \frac{1}{n!}(bt)^n \end{pmatrix} = \begin{pmatrix} e^{at} & 0 \\ 0 & e^{bt} \end{pmatrix}$$

となり，求める等式が成り立つ．

(2) $$A^{2n} = \begin{pmatrix} (-1)^n a^{2n} & 0 \\ 0 & (-1)^n a^{2n} \end{pmatrix},$$

$$A^{2n+1} = \begin{pmatrix} 0 & (-1)^n a^{2n+1} \\ -(-1)^n a^{2n+1} & 0 \end{pmatrix}$$

に注意して，

$$e^{tA} = \sum_{n=0}^{\infty} \frac{t^n}{n!} A^n = \sum_{n=0}^{\infty} \frac{t^{2n}}{(2n)!} A^{2n} + \sum_{n=0}^{\infty} \frac{t^{2n+1}}{(2n+1)!} A^{2n+1}$$

$$= \sum_{n=0}^{\infty} \frac{t^{2n}}{(2n)!} \begin{pmatrix} (-1)^n a^{2n} & 0 \\ 0 & (-1)^n a^{2n} \end{pmatrix}$$

$$+ \sum_{n=0}^{\infty} \frac{t^{2n+1}}{(2n+1)!} \begin{pmatrix} 0 & (-1)^n a^{2n+1} \\ -(-1)^n a^{2n+1} & 0 \end{pmatrix}$$

$$= \begin{pmatrix} \sum_{n=0}^{\infty} \frac{(-1)^n}{(2n)!}(at)^{2n} & \sum_{n=0}^{\infty} \frac{(-1)^n}{(2n+1)!}(at)^{2n+1} \\ -\sum_{n=0}^{\infty} \frac{(-1)^n}{(2n+1)!}(at)^{2n+1} & \sum_{n=0}^{\infty} \frac{(-1)^n}{(2n)!}(at)^{2n} \end{pmatrix}$$

$$= \begin{pmatrix} \cos at & \sin at \\ -\sin at & \cos at \end{pmatrix}$$

となり，求める等式が成り立つ．

(3) $A^n = \begin{pmatrix} a^n & na^{n-1} \\ 0 & a^n \end{pmatrix}$ に注意して，

4.1 斉次形の定数係数連立線形微分方程式

$$e^{tA} = \sum_{n=0}^{\infty} \frac{t^n}{n!} A^n = \sum_{n=0}^{\infty} \frac{t^n}{n!} \begin{pmatrix} a^n & na^{n-1} \\ 0 & a^n \end{pmatrix}$$

$$= \begin{pmatrix} \sum_{n=0}^{\infty} \frac{1}{n!}(at)^n & t\sum_{n=0}^{\infty} \frac{1}{n!}(at)^n \\ 0 & \sum_{n=0}^{\infty} \frac{1}{n!}(at)^n \end{pmatrix} = e^{at} \begin{pmatrix} 1 & t \\ 0 & 1 \end{pmatrix}$$

となり，求める等式が成り立つ．

(4) $A = aE + bF$, $E = \begin{pmatrix} 1 & 0 \\ 0 & 1 \end{pmatrix}$, $F = \begin{pmatrix} 0 & 1 \\ -1 & 0 \end{pmatrix}$ と書くことができ，atE と btF は可換であるから，補題 4.1(1) および補題 4.2(1), (2) を用いて，

$$e^{tA} = e^{atE + btF} = e^{atE} e^{btF}$$

$$= \begin{pmatrix} e^{at} & 0 \\ 0 & e^{at} \end{pmatrix} \begin{pmatrix} \cos bt & \sin bt \\ -\sin bt & \cos bt \end{pmatrix} = e^{at} \begin{pmatrix} \cos bt & \sin bt \\ -\sin bt & \cos bt \end{pmatrix}$$

となり，求める等式が成り立つ． □

以下，2 次元ベクトル $\boldsymbol{x} = \begin{pmatrix} x_1 \\ x_2 \end{pmatrix}$ および 2 次の正方行列 $A = \begin{pmatrix} a_{11} & a_{12} \\ a_{21} & a_{22} \end{pmatrix}$ に対して斉次形の定数係数連立線形微分方程式の解法を述べるが，$N \geq 3$ の高次元の場合においても同様の議論が可能である．

斉次形の定数係数連立線形微分方程式の一般解

未知関数を $\boldsymbol{x} = \boldsymbol{x}(t)$ とし，斉次形の定数係数連立線形微分方程式

$$\begin{cases} \dfrac{dx_1}{dt} = a_{11}x_1 + a_{12}x_2, \\ \dfrac{dx_2}{dt} = a_{21}x_1 + a_{22}x_2 \end{cases} \tag{4.2}$$

を考える．これは行列 A を用いて

$$\frac{d\boldsymbol{x}}{dt} = A\boldsymbol{x} \tag{4.3}$$

と表される．A を (4.2) の**係数行列**という．(4.3) の一般解は A の指数行列を用いて

$$\boldsymbol{x}(t) = e^{tA}\boldsymbol{c} \tag{4.4}$$

と書ける．ここで，$\bm{c} = \begin{pmatrix} c_1 \\ c_2 \end{pmatrix}$ は任意の定数ベクトルである．実際, (4.4) が (4.3) の解であることは，補題 4.1(3) を用いて次のように確認できる．
$$\frac{d\bm{x}}{dt} = \frac{d}{dt}(e^{tA}\bm{c}) = \left(\frac{d}{dt}e^{tA}\right)\bm{c} = Ae^{tA}\bm{c} = A\bm{x}$$

次に，(4.3) の一般解 (4.4) の A の固有値を用いた表現を考える．

定理 4.1 $A = \begin{pmatrix} a_{11} & a_{12} \\ a_{21} & a_{22} \end{pmatrix}$ は異なる 2 つの固有値 λ_1, λ_2 をもつとし，対応する固有ベクトルをそれぞれ $\bm{p}_1, \bm{p}_2$ とする．このとき，(4.3) の一般解は次のように表される．
$$\bm{x} = c_1 e^{\lambda_1 t} \bm{p}_1 + c_2 e^{\lambda_2 t} \bm{p}_2 \tag{4.5}$$
ここで，c_1, c_2 は任意定数である．

証明． 各固有値 λ_1, λ_2 に対する固有ベクトルをそれぞれ $\bm{p}_1, \bm{p}_2$ とすると，A は正則行列 $P = (\bm{p}_1, \bm{p}_2)$ によって対角化される．すなわち，$\Lambda = \begin{pmatrix} \lambda_1 & 0 \\ 0 & \lambda_2 \end{pmatrix}$ とおくとき，$P^{-1}AP = \Lambda$ となる．よって $A = P\Lambda P^{-1}$ であるから，これより e^{tA} を計算すると，補題 4.1(2) および補題 4.2(1) を用いて，
$$e^{tA} = Pe^{t\Lambda}P^{-1} = P \begin{pmatrix} e^{\lambda_1 t} & 0 \\ 0 & e^{\lambda_2 t} \end{pmatrix} P^{-1}$$
$$= \left(e^{\lambda_1 t}\bm{p}_1, e^{\lambda_2 t}\bm{p}_2\right) P^{-1}$$
を得る．したがって，任意の定数ベクトル $\bm{c} = \begin{pmatrix} c_1 \\ c_2 \end{pmatrix}$ に対して，
$$\bm{x} = e^{tA}\bm{c} = \left(e^{\lambda_1 t}\bm{p}_1, e^{\lambda_2 t}\bm{p}_2\right) P^{-1}\bm{c}$$
$$= \left(e^{\lambda_1 t}\bm{p}_1, e^{\lambda_2 t}\bm{p}_2\right) \widetilde{\bm{c}} = \widetilde{c}_1 e^{\lambda_1 t}\bm{p}_1 + \widetilde{c}_2 e^{\lambda_2 t}\bm{p}_2$$
となる．ここに，$\widetilde{\bm{c}} = P^{-1}\bm{c} = \begin{pmatrix} \widetilde{c}_1 \\ \widetilde{c}_2 \end{pmatrix}$ とおいた．以上より，(4.3) の一般解は

4.1 斉次形の定数係数連立線形微分方程式

1次独立[2])な2つの解 $e^{\lambda_1 t}\boldsymbol{p}_1, e^{\lambda_2 t}\boldsymbol{p}_2$ の線形和で表されることがわかる．実際，第2章と同様の議論で，(4.3) の1次独立な2つの解がみつかれば，(4.3) の任意の解はその線形和になることが示される． □

定理 4.1 では，A が異なる2つの固有値をもつ場合に対して (4.3) の一般解の解表現を与えたが，A が異なる2つの複素共役な虚数の固有値をもつ場合，解表現 (4.5) は2つの複素数解の線形結合であることに注意する．次に，これらの複素数解を用いて，(4.3) の1次独立な2つの実数解を導びこう．

定理 4.2 $A = \begin{pmatrix} a_{11} & a_{12} \\ a_{21} & a_{22} \end{pmatrix}$ は異なる2つの複素共役な固有値 $\lambda = \alpha + i\beta$, $\overline{\lambda} = \alpha - i\beta$ ($\alpha \in \mathbf{R}$, $\beta \in \mathbf{R}\setminus\{0\}$) をもつとする．このとき，(4.3) の一般解は次のように表される．

$$\boldsymbol{x} = c_1 e^{\alpha t} \begin{pmatrix} a_{12}\beta \sin\beta t - a_{12}(a_{11}-\alpha)\cos\beta t \\ \{(a_{11}-\alpha)^2 + \beta^2\}\cos\beta t \end{pmatrix}$$

$$+ c_2 e^{\alpha t} \begin{pmatrix} -a_{12}(a_{11}-\alpha)\sin\beta t - a_{12}\beta\cos\beta t \\ \{(a_{11}-\alpha)^2 + \beta^2\}\sin\beta t \end{pmatrix}$$

ここで，c_1, c_2 は任意定数である．

証明． A の固有値 $\lambda = \alpha + i\beta$, $\overline{\lambda} = \alpha - i\beta$ に対する固有ベクトルをそれぞれ $\boldsymbol{p}_1 = \begin{pmatrix} p_{11} \\ p_{21} \end{pmatrix}$, $\boldsymbol{p}_2 = \begin{pmatrix} p_{12} \\ p_{22} \end{pmatrix}$ とする．このとき，定理 4.1 より (4.3) の一般解は次で与えられる．

$$\boldsymbol{x} = c_1 e^{(\alpha+i\beta)t}\boldsymbol{p}_1 + c_2 e^{(\alpha-i\beta)t}\boldsymbol{p}_2$$

固有方程式は虚数解をもつとしているから，判別式

$$(a_{11}+a_{22})^2 - 4(a_{11}a_{22} - a_{12}a_{21}) = (a_{11}-a_{22})^2 + 4a_{12}a_{21} < 0,$$

よって $(a_{11}-a_{22})^2 < -4a_{12}a_{21}$ となり，これは $a_{12}a_{21} < 0$ であることを意味する．

---

2) $\mathbf{R}^2$ に値をとる2つの関数 $\boldsymbol{f}(t), \boldsymbol{g}(t)$ に対し，$\boldsymbol{f}(t), \boldsymbol{g}(t)$ が1次独立であるとは，「任意の t について $c_1 \boldsymbol{f}(t) + c_2 \boldsymbol{g}(t) = 0$ ならば，$c_1 = c_2 = 0$ が成り立つ」ことである．

次に，固有ベクトル $\bm{p}_1 = \begin{pmatrix} p_{11} \\ p_{21} \end{pmatrix}$ を求める．まず，固有方程式 $A\bm{p}_1 = \lambda \bm{p}_1$ より $(a_{11} - \alpha - i\beta)p_{11} = -a_{12}p_{21}$ を得る．$p_{11} = -a_{12}k$ (k は複素数) とおくと，$a_{12} \neq 0$ に注意して，$(a_{11} - \alpha - i\beta)(-a_{12}k) = -a_{12}p_{21}$ より $p_{21} = (a_{11} - \alpha - i\beta)k$ が得られ，固有ベクトル $\bm{p}_1$ は

$$\bm{p}_1 = \begin{pmatrix} -a_{12}k \\ (a_{11} - \alpha - i\beta)k \end{pmatrix} \qquad (k \neq 0)$$

となる．上式において，特に $k = a_{11} - \alpha + i\beta$ とおくと，

$$\bm{p}_1 = \begin{pmatrix} -a_{12}(a_{11} - \alpha) - ia_{12}\beta \\ (a_{11} - \alpha)^2 + \beta^2 \end{pmatrix}$$

を得る．同様に，固有方程式 $A\bm{p}_2 = \overline{\lambda}\bm{p}_2$ を用いて固有ベクトル $\bm{p}_2$ を求めると，

$$\bm{p}_2 = \begin{pmatrix} -a_{12}(a_{11} - \alpha) + ia_{12}\beta \\ (a_{11} - \alpha)^2 + \beta^2 \end{pmatrix}$$

となる．したがって，(4.3) の基本解，つまり 1 次独立な 2 解は

$$\begin{aligned}
e^{(\alpha+i\beta)t}\bm{p}_1 &= e^{\alpha t}(\cos\beta t + i\sin\beta t)\begin{pmatrix} -a_{12}(a_{11}-\alpha) - ia_{12}\beta \\ (a_{11}-\alpha)^2 + \beta^2 \end{pmatrix} \\
&= e^{\alpha t}\left[\begin{pmatrix} a_{12}\beta\sin\beta t - a_{12}(a_{11}-\alpha)\cos\beta t \\ \{(a_{11}-\alpha)^2 + \beta^2\}\cos\beta t \end{pmatrix} \right. \\
&\quad \left. + i\begin{pmatrix} -a_{12}(a_{11}-\alpha)\sin\beta t - a_{12}\beta\cos\beta t \\ \{(a_{11}-\alpha)^2 + \beta^2\}\sin\beta t \end{pmatrix}\right], \quad (4.6)
\end{aligned}$$

および

$$\begin{aligned}
e^{(\alpha-i\beta)t}\bm{p}_2 &= e^{\alpha t}\left[\begin{pmatrix} a_{12}\beta\sin\beta t - a_{12}(a_{11}-\alpha)\cos\beta t \\ \{(a_{11}-\alpha)^2 + \beta^2\}\cos\beta t \end{pmatrix} \right. \\
&\quad \left. - i\begin{pmatrix} -a_{12}(a_{11}-\alpha)\sin\beta t - a_{12}\beta\cos\beta t \\ \{(a_{11}-\alpha)^2 + \beta^2\}\sin\beta t \end{pmatrix}\right] \quad (4.7)
\end{aligned}$$

と書ける．基本解 (4.6) と (4.7) は互いに複素共役の関係であり，(4.6)（または (4.7)）の実部と虚部は (4.3) の 1 次独立な 2 つの実数解である．したがって，(4.3) の一般解はこれらの 1 次結合で表され，定理 4.2 が示された． □

4.1 斉次形の定数係数連立線形微分方程式

以下，具体的な A に対して，A の固有方程式が，
(a) 異なる 2 実数解，
(b) 重解，
(c) 複素共役な虚数解

をもつ場合に分けて，(4.3) の一般解を求める．

例題 4.1 次の微分方程式を解け．

$$\begin{cases} \dfrac{dx_1}{dt} = 6x_1 - 3x_2, \\ \dfrac{dx_2}{dt} = x_1 + 2x_2 \end{cases} \tag{4.8}$$

[解答例] (4.8) の係数行列は $A = \begin{pmatrix} 6 & -3 \\ 1 & 2 \end{pmatrix}$ であり，A の固有方程式は $|A - \lambda E| = (\lambda - 3)(\lambda - 5) = 0$ となるから，A の固有値は $\lambda_1 = 3, \lambda_2 = 5$ である．また，λ_1, λ_2 それぞれに対する固有ベクトルは，$\boldsymbol{p}_1 = \begin{pmatrix} 1 \\ 1 \end{pmatrix}, \boldsymbol{p}_2 = \begin{pmatrix} 3 \\ 1 \end{pmatrix}$ であるから，A は $P = \begin{pmatrix} 1 & 3 \\ 1 & 1 \end{pmatrix}$ により対角化される．すなわち，$P^{-1}AP = D = \begin{pmatrix} 3 & 0 \\ 0 & 5 \end{pmatrix}$ が成り立つ．このとき，補題 4.1(2) および補題 4.2(1) を用いて，(4.8) の一般解は，$\boldsymbol{c}$ を任意の定数ベクトルとすると，

$$\begin{aligned} \begin{pmatrix} x_1 \\ x_2 \end{pmatrix} &= e^{tA}\boldsymbol{c} = e^{PtDP^{-1}}\boldsymbol{c} = Pe^{tD}P^{-1}\boldsymbol{c} \\ &= \begin{pmatrix} 1 & 3 \\ 1 & 1 \end{pmatrix} \begin{pmatrix} e^{3t} & 0 \\ 0 & e^{5t} \end{pmatrix} \begin{pmatrix} \widetilde{c}_1 \\ \widetilde{c}_2 \end{pmatrix} \\ &= \begin{pmatrix} \widetilde{c}_1 e^{3t} + 3\widetilde{c}_2 e^{5t} \\ \widetilde{c}_1 e^{3t} + \widetilde{c}_2 e^{5t} \end{pmatrix} \\ &= \widetilde{c}_1 e^{3t} \begin{pmatrix} 1 \\ 1 \end{pmatrix} + \widetilde{c}_2 e^{5t} \begin{pmatrix} 3 \\ 1 \end{pmatrix} \end{aligned}$$

となる．ここに，$P^{-1}\boldsymbol{c} = \begin{pmatrix} \widetilde{c}_1 \\ \widetilde{c}_2 \end{pmatrix}$ とおいた． □

例題 4.2 次の微分方程式を解け.

$$\begin{cases} \dfrac{dx_1}{dt} = -5x_1 - 4x_2, \\ \dfrac{dx_2}{dt} = 16x_1 + 11x_2 \end{cases} \tag{4.9}$$

[解答例] (4.9) の係数行列は $A = \begin{pmatrix} -5 & -4 \\ 16 & 11 \end{pmatrix}$ であり, A の固有方程式は $|A - \lambda E| = (\lambda - 3)^2 = 0$ となるから, A の固有値は $\lambda = 3$ である. いま, $P^{-1}AP = D = \begin{pmatrix} 3 & 1 \\ 0 & 3 \end{pmatrix}$ を満たすように P を定める. 実際, $P^{-1}AP = D$ を解くと, これを満たす P の一つとして, $P = \begin{pmatrix} 1 & -\frac{5}{8} \\ -2 & 1 \end{pmatrix}$ をとることができる. よって, 補題 4.1(2) および補題 4.2(3) を用いて, (4.9) の一般解は, $\boldsymbol{c}$ を任意の定数ベクトルとすると,

$$\begin{pmatrix} x_1 \\ x_2 \end{pmatrix} = e^{tA}\boldsymbol{c} = e^{tPDP^{-1}}\boldsymbol{c} = Pe^{tD}P^{-1}\boldsymbol{c}$$

$$= e^{3t} \begin{pmatrix} 1 & -\frac{5}{8} \\ -2 & 1 \end{pmatrix} \begin{pmatrix} 1 & t \\ 0 & 1 \end{pmatrix} P^{-1}\boldsymbol{c}$$

$$= \widetilde{c}_1 e^{3t} \begin{pmatrix} 1 \\ -2 \end{pmatrix} + \widetilde{c}_2 e^{3t} \begin{pmatrix} -\frac{5}{8} + t \\ 1 - 2t \end{pmatrix}$$

となる. ここに, $P^{-1}\boldsymbol{c} = \begin{pmatrix} \widetilde{c}_1 \\ \widetilde{c}_2 \end{pmatrix}$ とおいた. □

例題 4.3 次の微分方程式を解け.

$$\begin{cases} \dfrac{dx_1}{dt} = -x_1 - 13x_2, \\ \dfrac{dx_2}{dt} = x_1 + 3x_2 \end{cases} \tag{4.10}$$

[解答例] (4.10) の係数行列は $A = \begin{pmatrix} -1 & -13 \\ 1 & 3 \end{pmatrix}$ であり, A の固有方程式は $|A - \lambda E| = (\lambda - 1)^2 + 9 = 0$ となるから, A の固有値は $\lambda_1 = 1 + 3i, \lambda_2 = 1 - 3i$ である. また, λ_1, λ_2 それぞれに対する固有ベクトルは, $\boldsymbol{p}_1 = \begin{pmatrix} 2 - 3i \\ -1 \end{pmatrix}$,

4.1 斉次形の定数係数連立線形微分方程式

$\boldsymbol{p}_2 = \begin{pmatrix} 2+3i \\ -1 \end{pmatrix}$ であるから，A は $P = \begin{pmatrix} 2-3i & 2+3i \\ -1 & -1 \end{pmatrix}$ により対角化される．すなわち，$P^{-1}AP = D = \begin{pmatrix} 1+3i & 0 \\ 0 & 1-3i \end{pmatrix}$ が成り立つ．このとき，補題 4.1(2) および補題 4.2(1) を用いて，(4.10) の一般解は，$\boldsymbol{c}$ を任意の定数ベクトルとすると，

$$\begin{pmatrix} x_1 \\ x_2 \end{pmatrix} = e^{tA}\boldsymbol{c} = e^{tPDP^{-1}}\boldsymbol{c} = Pe^{tD}P^{-1}\boldsymbol{c}$$

$$= \begin{pmatrix} 2-3i & 2+3i \\ -1 & -1 \end{pmatrix} \begin{pmatrix} e^{(1+3i)t} & 0 \\ 0 & e^{(1-3i)t} \end{pmatrix} \begin{pmatrix} \widetilde{c}_1 \\ \widetilde{c}_2 \end{pmatrix}$$

$$= \begin{pmatrix} (2-3i)\widetilde{c}_1 e^{(1+3i)t} + (2+3i)\widetilde{c}_2 e^{(1-3i)t} \\ -\widetilde{c}_1 e^{(1+3i)t} - \widetilde{c}_2 e^{(1-3i)t} \end{pmatrix}$$

$$= \widetilde{c}_1 e^{(1+3i)t} \begin{pmatrix} 2-3i \\ -1 \end{pmatrix} + \widetilde{c}_2 e^{(1-3i)t} \begin{pmatrix} 2+3i \\ -1 \end{pmatrix}$$

となる．ここに，$P^{-1}\boldsymbol{c} = \begin{pmatrix} \widetilde{c}_1 \\ \widetilde{c}_2 \end{pmatrix}$ とおいた．

また，定理 4.2 を直接用いてもよい．このとき，(4.10) の一般解は，1 次独立な 2 つの実数解の線形結合として次のように表される．

$$\begin{pmatrix} x_1 \\ x_2 \end{pmatrix} = c_1 e^t \begin{pmatrix} -3\sin 3t - 2\cos 3t \\ \cos 3t \end{pmatrix} + c_2 e^t \begin{pmatrix} -2\sin 3t + 3\cos 3t \\ \sin 3t \end{pmatrix} \quad \square$$

問 4.1 次の微分方程式を解け．

(1) $\begin{cases} \dfrac{dx_1}{dt} = -4x_1 - 6x_2, \\ \dfrac{dx_2}{dt} = x_1 + x_2 \end{cases}$

(2) $\begin{cases} \dfrac{dx_1}{dt} = 8x_1 + 4x_2, \\ \dfrac{dx_2}{dt} = 9x_1 - 4x_2 \end{cases}$

(3) $\begin{cases} \dfrac{dx_1}{dt} = 3x_1 - 2x_2, \\ \dfrac{dx_2}{dt} = 5x_1 + x_2 \end{cases}$

4.2 斉次形の定数係数連立線形微分方程式の平衡点とその安定性

> **定義 4.2** 連立微分方程式 (4.3) に対し, $Ax_0 = 0$ となる点 x_0 を (4.3) の**平衡点**という. また, (4.3) の解 $x = x(t)$ は, 変数 t が変化するとき $\mathbf{R}^2$ 平面上の曲線を描くが, この曲線を**解曲線**といい, これを平面上に描いた図を**相図**という.

この節では, 係数行列 A は異なる 2 つの固有値 λ_1, λ_2 をもつとし, 対応する固有ベクトルをそれぞれ p_1, p_2 とする. このとき, 定理 4.1 より, (4.3) の一般解は

$$x = c_1 e^{\lambda_1 t} p_1 + c_2 e^{\lambda_2 t} p_2$$

と書ける. 以下, (4.3) の解曲線の振る舞いと平衡点との関係を調べる.

<u>$\lambda_1 > \lambda_2 > 0$ の場合</u>　$\operatorname{rank} A = 2$ より A は正則であり, ゆえに, 平衡点は $A^{-1} 0 = 0$ のみである. 仮定より $t \to \infty$ のとき $e^{\lambda_1 t}, e^{\lambda_2 t} \to \infty$ となり, $t \to -\infty$ のとき $e^{\lambda_1 t}, e^{\lambda_2 t} \to 0$ となる. したがって, 解曲線は $t \to -\infty$ のとき平衡点 0 に収束し, $t \to \infty$ のとき平衡点 0 から離れていくことがわかる. このとき, 平衡点 0 を**不安定結節点**という.

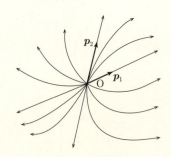

図 4.1　不安定結節点

<u>$\lambda_1 > \lambda_2 = 0$ の場合</u>　$\operatorname{rank} A = 1$ となるから, A は正則ではない. ゆえに, 平衡点の集合 $\{x \in \mathbf{R}^2 \mid Ax = 0\}$ は, 固有値 $\lambda_2 = 0$ の固有ベクトル p_2 のなす固有空間 $\{\mu p_2 \mid \mu \in \mathbf{R}\}$ に一致する. また, $t \to \infty$ のとき $e^{\lambda_1 t} \to \infty$ となり, $t \to -\infty$ のとき $e^{\lambda_1 t} \to 0$ となるので, 解曲線は $t \to -\infty$ のとき, 平衡

4.2 斉次形の定数係数連立線形微分方程式の平衡点とその安定性

点の集合に属する点に収束し，$t \to \infty$ のとき，$\boldsymbol{p}_1$ と平行な方向に平衡点の集合から離れていくことがわかる．

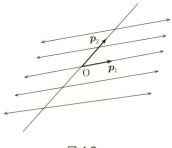

図 4.2

$\lambda_1 > 0 > \lambda_2$ の場合 rank $A = 2$ より A は正則であるから，平衡点は $A^{-1}\boldsymbol{0} = \boldsymbol{0}$ のみである．また，$t \to \infty$ のとき $e^{\lambda_1 t} \to \infty, e^{\lambda_2 t} \to 0$ となり，$t \to -\infty$ のとき $e^{\lambda_1 t} \to 0, e^{\lambda_2 t} \to \infty$ となる．したがって，解曲線は，$\boldsymbol{p}_1$ の方向には平衡点 $\boldsymbol{0}$ から遠方に離れていき，$\boldsymbol{p}_2$ の方向には遠方から平衡点 $\boldsymbol{0}$ に向かって進んでくることがわかる．このとき，平衡点 $\boldsymbol{0}$ を**鞍点**という．

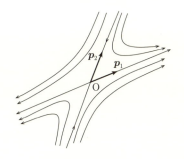

図 4.3 鞍 点

$0 = \lambda_1 > \lambda_2$ の場合 rank $A = 1$ となるから，A は正則ではなく，平衡点の集合は，固有値 $\lambda_1 = 0$ の固有ベクトル $\boldsymbol{p}_1$ のなす固有空間 $\{\mu \boldsymbol{p}_1 \,|\, \mu \in \mathbf{R}\}$ に一致する．また，$t \to \infty$ のとき $e^{\lambda_2 t} \to 0$ となり，$t \to -\infty$ のとき $e^{\lambda_2 t} \to \infty$ となるので，解曲線は $t \to \infty$ のとき平衡点の集合に属する点に収束し，$t \to -\infty$ のとき $\boldsymbol{p}_2$ と平行な方向に平衡点の集合から離れていくことがわかる．

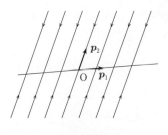

図 4.4

$0 > \lambda_1 > \lambda_2$ の場合　$\operatorname{rank} A = 2$ より A は正則であるから,平衡点は $A^{-1}\mathbf{0} = \mathbf{0}$ のみである.また,$t \to \infty$ のとき $e^{\lambda_1 t}, e^{\lambda_2 t} \to 0$ となり,$t \to -\infty$ のとき $e^{\lambda_1 t}, e^{\lambda_2 t} \to +\infty$ となるので,解曲線は $t \to \infty$ となるとき遠方から平衡点 $\mathbf{0}$ に収束することがわかる.このとき,平衡点 $\mathbf{0}$ を**安定結節点**という.

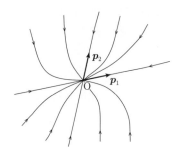

図 4.5　安定結節点

λ_1, λ_2 が互いに共役な虚数である場合　$\lambda_1 = \alpha + \beta i$ ($\alpha \in \mathbf{R}$, $\beta \in \mathbf{R} \setminus \{0\}$), $\lambda_2 = \alpha - \beta i$ とする.このとき,$\operatorname{rank} A = 2$ であるから,平衡点は $A^{-1}\mathbf{0} = \mathbf{0}$ のみである.また,連立微分方程式 (4.4) の一般解は,

$$\boldsymbol{x} = c_1 e^{\lambda_1 t} \boldsymbol{p}_1 + c_2 e^{\lambda_2 t} \boldsymbol{p}_2 = e^{\alpha t} \left(c_1 e^{\beta i t} \boldsymbol{p}_1 + c_2 e^{-\beta i t} \boldsymbol{p}_2 \right)$$

となり,解曲線の振る舞いは $e^{\alpha t}$ に大きく依存することがわかる.以下,α の符号に応じて分類し,その振る舞いを観察する.

まず $\alpha > 0$ の場合は,$t \to \infty$ のとき $e^{\alpha t} \to \infty$ となり,$t \to -\infty$ のとき $e^{\alpha t} \to 0$ となるから,解曲線は $t \to -\infty$ のとき平衡点 $\mathbf{0}$ に収束し,$t \to \infty$ のとき渦を巻きながら平衡点 $\mathbf{0}$ から遠方に進んでいくことがわかる.このとき,平衡点 $\mathbf{0}$ を**不安定渦状点**という.

次に，$\alpha = 0$ の場合，解曲線は平衡点 **0** を中心とする楕円を描く．このとき，平衡点 **0** を**渦心点**という．

最後に $\alpha < 0$ の場合は，$t \to \infty$ のとき $e^{\alpha t} \to 0$ となり，$t \to -\infty$ のとき $e^{\alpha t} \to \infty$ となるから，解曲線は $t \to \infty$ のとき平衡点 **0** に収束し，$t \to -\infty$ のとき渦を巻きながら平衡点 **0** から遠方に進んでいくことがわかる．このとき，平衡点 **0** を**安定渦状点**という．

4.3 非斉次形の定数係数連立線形微分方程式

この節では，次の**非斉次形の定数係数連立線形微分方程式**を考える．
$$\frac{d\boldsymbol{x}}{dt} = A\boldsymbol{x} + \boldsymbol{f} \tag{4.11}$$
ここに，$\boldsymbol{x} = \boldsymbol{x}(t)$ は未知関数，A は定数値からなる係数行列，$\boldsymbol{f} = \boldsymbol{f}(t)$ は既知関数である．このとき，微分方程式 (4.11) の一般解は次の定理で与えられる．

定理 4.3 微分方程式 (4.11) の一般解は
$$\boldsymbol{x} = e^{tA}\left(\int e^{-tA} \boldsymbol{f}(t)\, dt + \boldsymbol{c}\right)$$
となる．ここに，$\boldsymbol{c}$ は任意の定数ベクトルである．

証明． 単独の非斉次形の定数係数線形微分方程式の場合と同様，(4.11) の一般解は，斉次微分方程式 $\dfrac{d\boldsymbol{x}}{dt} = A\boldsymbol{x}$ の一般解と (4.11) の特殊解の和として表される．前節で示したように，$\dfrac{d\boldsymbol{x}}{dt} = A\boldsymbol{x}$ の一般解は，$\boldsymbol{c}$ を任意の定数ベクトルとして $\boldsymbol{x} = e^{tA}\boldsymbol{c}$ と書けるから，以下 (4.11) の特殊解を定数変化法により求める．すなわち，定数ベクトル $\boldsymbol{c}$ を $\boldsymbol{c}(t)$ に置き換え，$\boldsymbol{x} = e^{tA}\boldsymbol{c}(t)$ が (4.11) を満たすように $\boldsymbol{c}(t)$ を決定する．補題 4.1(3) を用いて $\boldsymbol{x} = e^{tA}\boldsymbol{c}(t)$ の両辺を t で微分し，(4.11) を用いると，
$$Ae^{tA}\boldsymbol{c}(t) + e^{tA}\frac{d\boldsymbol{c}}{dt}(t) = Ae^{tA}\boldsymbol{c}(t) + \boldsymbol{f}(t)$$
を得る．さらに，$(e^{tA})^{-1} = e^{-tA}$ に注意して (系 4.1 をみよ)，上式より

$$\frac{d\boldsymbol{c}}{dt}(t) = e^{-tA}\boldsymbol{f}(t)$$

が得られる．両辺を t で積分して，

$$\boldsymbol{c}(t) = \int e^{-tA}\boldsymbol{f}(t)\,dt + \widetilde{\boldsymbol{c}}$$

となり $\boldsymbol{c}(t)$ が決定される．ここに，$\widetilde{\boldsymbol{c}}$ は任意の定数ベクトルである．したがって，$\boldsymbol{x} = e^{tA}\boldsymbol{c}(t)$ として (4.11) の特殊解が得られた．以上より (4.11) の一般解は

$$\boldsymbol{x} = e^{tA}\boldsymbol{c} + e^{tA}\boldsymbol{c}(t)$$
$$= e^{tA}\boldsymbol{c} + e^{tA}\left(\int e^{-tA}\boldsymbol{f}(t)\,dt + \widetilde{\boldsymbol{c}}\right) = e^{tA}\left(\int e^{-tA}\boldsymbol{f}(t)\,dt + \widetilde{\widetilde{\boldsymbol{c}}}\right)$$

となる．ここに，$\widetilde{\widetilde{\boldsymbol{c}}}$ は任意の定数ベクトルである．ゆえに定理 4.3 が示された． □

例題 4.4 次の微分方程式を解け．

$$\begin{cases} \dfrac{dx_1}{dt} = -6x_1 + 9x_2 + 3e^t, \\ \dfrac{dx_2}{dt} = -4x_1 + 7x_2 - 5e^t \end{cases} \tag{4.12}$$

[解答例] 係数行列 $A = \begin{pmatrix} -6 & 9 \\ -4 & 7 \end{pmatrix}$ に対する固有方程式 $|A - \lambda E| = \lambda^2 - \lambda - 6 = (\lambda+2)(\lambda-3) = 0$ より，A の固有値は $\lambda = -2, 3$ である．$\lambda = -2, 3$ に対する固有ベクトルはそれぞれ $\boldsymbol{p}_1 = \begin{pmatrix} 9 \\ 4 \end{pmatrix}$, $\boldsymbol{p}_2 = \begin{pmatrix} 1 \\ 1 \end{pmatrix}$ と求められる．したがって，A は $P = \begin{pmatrix} 9 & 1 \\ 4 & 1 \end{pmatrix}$ によって対角化される．すなわち，$P^{-1}AP = D = \begin{pmatrix} -2 & 0 \\ 0 & 3 \end{pmatrix}$ となる．補題 4.1(2) および補題 4.2(1) を用いて，

$$e^{tA} = e^{PtDP^{-1}} = Pe^{tD}P^{-1} = \frac{1}{5}\begin{pmatrix} 9 & 1 \\ 4 & 1 \end{pmatrix}\begin{pmatrix} e^{-2t} & 0 \\ 0 & e^{3t} \end{pmatrix}\begin{pmatrix} 1 & -1 \\ -4 & 9 \end{pmatrix}$$

$$= \frac{1}{5}\begin{pmatrix} 9e^{-2t} - 4e^{3t} & -9e^{-2t} + 9e^{3t} \\ 4e^{-2t} - 4e^{3t} & -4e^{-2t} + 9e^{3t} \end{pmatrix} \tag{4.13}$$

が得られる．上式で t を $-t$ に置き換えることにより

$$e^{-tA} = \frac{1}{5}\begin{pmatrix} 9e^{2t} - 4e^{-3t} & -9e^{2t} + 9e^{-3t} \\ 4e^{2t} - 4e^{-3t} & -4e^{2t} + 9e^{-3t} \end{pmatrix}$$

を得る．よって $\boldsymbol{f}(t) = \begin{pmatrix} 3e^t \\ -5e^t \end{pmatrix}$ に対して，直接計算より

$$\int e^{-tA}\boldsymbol{f}(t)\,dt = \begin{pmatrix} \frac{24}{5}e^{3t} + \frac{57}{10}e^{-2t} \\ \frac{32}{15}e^{3t} + \frac{57}{10}e^{-2t} \end{pmatrix} \quad (4.14)$$

となり，(4.13), (4.14) を解公式

$$\boldsymbol{x} = e^{tA}\left(\int e^{-tA}\boldsymbol{f}(t)\,dt + \boldsymbol{c}\right)$$

に代入することにより，(4.12) の一般解が求められる (計算略)． □

問 4.2 次の微分方程式を解け．

$$\begin{cases} \dfrac{dx_1}{dt} - 7x_1 + 4x_2 = 2e^t, \\ \dfrac{dx_2}{dt} - 12x_1 + 7x_2 = 4e^t \end{cases}$$

章 末 問 題

1. 次の微分方程式を解け．

(1) $\begin{cases} \dfrac{dx_1}{dt} = 2x_1 + 5x_2, \\ 2\dfrac{dx_2}{dt} = -3x_1 + x_2 \end{cases}$
(2) $\begin{cases} \dfrac{dx_1}{dt} + 3x_1 + 6x_2 = 0, \\ 2\dfrac{dx_2}{dt} - 2x_2 - x_1 = 0 \end{cases}$

(3) $\begin{cases} \dfrac{dx_1}{dt} - 2x_1 + 3\dfrac{dx_2}{dt} = 3 + e^{2t}, \\ 2\dfrac{dx_1}{dt} - 3x_1 + \dfrac{dx_2}{dt} + x_2 = 0 \end{cases}$
(4) $\begin{cases} \dfrac{dx_1}{dt} + x_2 = \sin t + \cos t, \\ \dfrac{dx_2}{dt} + x_1 = \sin t - \cos t \end{cases}$

2. 次の微分方程式の初期値問題を解け．

(1) $\begin{cases} \dfrac{dx_1}{dt} = 3x_1 + 5x_2, \\ 2\dfrac{dx_2}{dt} = -3x_1 + 2x_2, \\ 初期値：x_1(0) = 1,\ x_2(0) = 2 \end{cases}$
(2) $\begin{cases} \dfrac{dx_1}{dt} = 2x_1 + 3x_2 - 3t^2 + 2t, \\ 2\dfrac{dx_2}{dt} = -x_1 + 2x_2 - t^2 + t + 3, \\ 初期値：x_1(0) = 0,\ x_2(0) = 0 \end{cases}$

(3) $\begin{cases} \dfrac{dx_1}{dt} - 3x_1 + 2x_2 = e^{2t}, \\ 2\dfrac{dx_2}{dt} - 3x_1 + 2x_2 = 3e^{2t}, \\ \text{初期値：} x_1(0) = 0,\, x_2(0) = 1 \end{cases}$

3. $x_1(t), x_2(t)$ を連立微分方程式

$$\begin{cases} x_1' = a_{11}x_1 + a_{12}x_2 + f_1(t), \\ x_2' = a_{21}x_1 + a_{22}x_2 + f_2(t) \end{cases}$$

の解とする．ここで $a_{11}, a_{12}, a_{21}, a_{22}$ は定数である．このとき

$$x_1'' - (a_{11} + a_{22})x_1' + (a_{11}a_{22} - a_{12}a_{21})x_1 = a_{12}f_2(t) + f_1'(t) - a_{22}f_1(t),$$

$$x_2'' - (a_{11} + a_{22})x_2' + (a_{11}a_{22} - a_{12}a_{21})x_2 = a_{21}f_1(t) + f_2'(t) - a_{11}f_2(t)$$

が成り立つことを示せ．

5
べき級数による解法

この章では，微分方程式のべき級数による解法 (べき級数法) を説明する．まず 5.1 節において，べき級数の定義およびその基本的な性質に述べる．5.2 節では，**微分方程式の解の解析性**に関する基本定理を学び，その応用として，具体的にいくつかの微分方程式をべき級数法を用いて解く．特に，ルジャンドルの微分方程式を取り上げ，その基本系としてルジャンドルの多項式を導出する．5.3 節では，ベッセルの微分方程式を扱い，その 1 次独立な解である**第 1 種ベッセル関数**および**第 2 種ベッセル関数**について述べる．最後に 5.4 節では，ルジャンドルの微分方程式およびベッセルの微分方程式を一般化した**スツルム・リウヴィル方程式の境界値問題**であるスツルム・リウヴィル問題に関して，その固有関数の直交性を考察する．

5.1 べき級数とその基本的な性質

$\{a_n\}_{n=0}^{\infty} \subset \mathbf{R}$, $x_0 \in \mathbf{R}$ とするとき，x_0 を中心，$\{a_n\}_{n=0}^{\infty}$ を係数とする**べき級数**とは，次の無限級数のことである．

$$\sum_{n=0}^{\infty} a_n(x-x_0)^n = a_0 + a_1(x-x_0) + a_2(x-x_0)^2 + \cdots \quad (5.1)$$

$n \in \mathbf{N}$ に対し，べき級数 (5.1) の第 n 部分和を

$$S_n(x) := a_0 + a_1(x-x_0) + \cdots + a_n(x-x_0)^n$$

と定義する．ある x について，$\lim_{n \to \infty} S_n(x)$ が存在するとき，べき級数 (5.1) は x において**収束**するといい，

$$\lim_{n \to \infty} S_n(x) = \sum_{n=0}^{\infty} a_n(x-x_0)^n$$

と書く．ある x について $n \to \infty$ とするとき，数列 $S_n(x)$ が発散するならば，べき級数 (5.1) は x において**発散**するという．

―― べき級数の収束半径とその計算法 ――

べき級数に対し，**収束半径** $R \in [0, \infty]$ が決定されることはよく知られた事実である．すなわち，べき級数 (5.1) に対し，次を満たす $R \in [0, \infty]$ が一意的に定まる．

$$\begin{cases} |x - x_0| < R \text{ のとき } \sum_{n=0}^{\infty} a_n(x - x_0)^n \text{ は収束}, \\ |x - x_0| > R \text{ のとき } \sum_{n=0}^{\infty} a_n(x - x_0)^n \text{ は発散} \end{cases}$$

ただし，収束半径 $R = 0$ とは，$\sum_{n=0}^{\infty} a_n(x - x_0)^n$ が $x = x_0$ を除くすべての x について発散することを意味し，$R = \infty$ とは，$\sum_{n=0}^{\infty} a_n(x - x_0)^n$ がすべての x について収束することを意味するものとする．また，収束半径 R は，係数 $\{a_n\}_{n=0}^{\infty}$ を用いて次のように計算される．

$$R = \lim_{n \to \infty} \frac{1}{|a_n|^{\frac{1}{n}}}, \quad \text{または} \quad R = \lim_{n \to \infty} \left| \frac{a_n}{a_{n+1}} \right| \tag{5.2}$$

ただし，当然のことながら (5.2) は極限が存在する場合にのみ意味をもつ．

特に中心 $x_0 = 0$ のとき，べき級数 (5.1) は

$$\sum_{n=0}^{\infty} a_n x^n = a_0 + a_1 x + a_2 x^2 + \cdots \tag{5.3}$$

となるが，初等関数 $\sin x$, $\cos x$, e^x が次のようにべき級数 (5.3) の形で表されることはよく知られた事実である (マクローリン級数展開)．

$$\sin x = \sum_{n=0}^{\infty} \frac{(-1)^n x^{2n+1}}{(2n+1)!} = x - \frac{x^3}{3!} + \frac{x^5}{5!} - \cdots,$$

$$\cos x = \sum_{n=0}^{\infty} \frac{(-1)^n x^{2n}}{(2n)!} = 1 - \frac{x^2}{2!} + \frac{x^4}{4!} - \cdots,$$

$$e^x = \sum_{n=0}^{\infty} \frac{x^n}{n!} = 1 + x + \frac{x^2}{2!} + \cdots.$$

5.1 べき級数とその基本的な性質

これらの関数はすべて収束半径 $R = \infty$ である.

ここで，べき級数で表される関数の演算についてまとめておく．まず，べき級数 (5.1) の収束半径を $R \in (0, \infty]$ とし，$y = y(x) = \sum_{n=0}^{\infty} a_n(x - x_0)^n$ とおく．このとき，収束半径内 $|x - x_0| < R$ において，y は x について微分可能である．また，y を**項別微分**して得られるべき級数を $z = z(x) = \sum_{n=1}^{\infty} na_n(x - x_0)^{n-1}$ とおくと，z は $|x - x_0| < R$ なる x で収束し，この範囲において y' に一致する．すなわち，

$$y'(x) = \sum_{n=1}^{\infty} na_n(x - x_0)^{n-1}, \quad |x - x_0| < R$$

が成り立つ．さらに，上記の議論を y' に対して適用することにより，y は $|x - x_0| < R$ なる x について，2 回微分可能であることがわかり，

$$y''(x) = \sum_{n=2}^{\infty} n(n-1)a_n(x - x_0)^{n-2}, \quad |x - x_0| < R$$

が成り立つ．これを繰り返すことにより，y は $|x - x_0| < R$ なる x で無限回微分可能であることが確認される．

次に，関数 y_1, y_2 はそれぞれ収束半径を $R_1, R_2 \in (0, \infty]$ にもつべき級数

$$y_1(x) = \sum_{n=0}^{\infty} a_n(x - x_0)^n, \quad |x - x_0| < R_1,$$

$$y_2(x) = \sum_{n=0}^{\infty} b_n(x - x_0)^n, \quad |x - x_0| < R_2$$

とする．このとき，y_1, y_2 の各項を加えてできるべき級数は，$|x - x_0| < \min\{R_1, R_2\}$ なる x において収束し，$y_1(x) + y_2(x)$ に一致する．すなわち，

$$y_1(x) + y_2(x) = \sum_{n=0}^{\infty} (a_n + b_n)(x - x_0)^n, \quad |x - x_0| < \min\{R_1, R_2\}$$

が成り立つ．また，2 つのべき級数 y_1, y_2 の各項をかけて $(x - x_0)^n$ のべきで整理することによって得られるべき級数は，$|x - x_0| < \min\{R_1, R_2\}$ なる x において収束し，$y_1(x)y_2(x)$ に一致する．すなわち，

$$y_1(x)y_2(x) = \sum_{n=0}^{\infty} \left(\sum_{k=0}^{n} a_k b_{n-k} \right) (x - x_0)^n, \quad |x - x_0| < \min\{R_1, R_2\}$$

が成り立つ．

問 5.1 次のべき級数の収束半径を求めよ.

(1) $\sum_{n=0}^{\infty} \frac{(n!)^3}{(3n)!} x^n$ (2) $\sum_{n=0}^{\infty} \frac{1}{2n^2 - 3n + 1} x^n$

5.2 べき級数解の存在とルジャンドルの微分方程式

定義 5.1 関数 $y = y(x)$ が, $x = x_0$ を中心とする収束半径が正のべき級数で表されるとき, $y = y(x)$ は $x = x_0$ において**解析的**であるという.

解析的な関数を係数にもつ微分方程式に対する性質として, 次が基本的である.

―― 微分方程式の解の解析性 ――

解析的な関数を係数とする微分方程式の任意の解は解析的であることが知られている. すなわち, 関数 $f_1(x), f_2(x), f_3(x)$ が $x = x_0$ において解析的であるならば, 微分方程式
$$y'' + f_1(x)y' + f_2(x)y = f_3(x)$$
の任意の解 $y = y(x)$ も $x = x_0$ において解析的である.

この基本的な事実をふまえ, 次の例題により, べき級数法を用いて微分方程式を解く手順を説明する.

例題 5.1 べき級数法を用いて次の微分方程式を解け.
$$y' = 2y \tag{5.4}$$

[解答例] 方程式 (5.4) の任意の解 $y = y(x)$ は, 特に $x = 0$ で解析的であるから, $y = \sum_{n=0}^{\infty} a_n x^n$ とおく. これを項別微分すると $y' = \sum_{n=1}^{\infty} n a_n x^{n-1}$ となり, これらを (5.4) に代入して,
$$0 = \sum_{n=1}^{\infty} n a_n x^{n-1} - 2 \sum_{n=0}^{\infty} a_n x^n = \sum_{n=0}^{\infty} \{(n+1)a_{n+1} - 2a_n\} x^n = 0$$
を得る. 各 x^n の係数を 0 とおくと,
$$(n+1)a_{n+1} - 2a_n = 0 \quad (n = 0, 1, 2, \cdots)$$

5.2 べき級数解の存在とルジャンドルの微分方程式

となる．a_0 を任意定数としてこの漸化式を解くと，

$$a_n = \frac{2^n}{n!} a_0 \quad (n = 0, 1, 2, \cdots)$$

が得られ，ゆえに

$$y = a_0 \sum_{n=0}^{\infty} \frac{(2x)^n}{n!} = a_0 e^{2x} \quad (a_0 \text{ は任意定数})$$

として求める一般解が得られる． □

例題 5.2 べき級数法を用いて次の微分方程式を解け．

$$y'' + y = 0 \tag{5.5}$$

[解答例] 方程式 (5.5) の任意の解 $y = y(x)$ は，特に $x = 0$ で解析的であるから，$y = \sum_{n=0}^{\infty} a_n x^n$ とおく．これを項別微分すると $y' = \sum_{n=1}^{\infty} n a_n x^{n-1}$，$y'' = \sum_{n=2}^{\infty} n(n-1) a_n x^{n-2}$ となり，これらを (5.5) に代入して，

$$0 = \sum_{n=2}^{\infty} n(n-1) a_n x^{n-2} + \sum_{n=0}^{\infty} a_n x^n = \sum_{n=0}^{\infty} \{(n+2)(n+1) a_{n+2} + a_n\} x^n$$

を得る．各 x^n の係数を 0 とおくと，

$$(n+2)(n+1) a_{n+2} + a_n = 0 \quad (n = 0, 1, 2, \cdots)$$

となる．a_0, a_1 を任意定数としてこの漸化式を解くと，

$$\begin{cases} a_{2m} = \dfrac{(-1)^m}{(2m)!} a_0, \\ a_{2m+1} = \dfrac{(-1)^m}{(2m+1)!} a_1 \end{cases} \quad (m = 0, 1, 2, \cdots)$$

が得られ，ゆえに

$$\begin{aligned} y &= \sum_{m=0}^{\infty} a_{2m} x^{2m} + \sum_{m=0}^{\infty} a_{2m+1} x^{2m+1} \\ &= a_0 \sum_{m=0}^{\infty} \frac{(-1)^m}{(2m)!} x^{2m} + a_1 \sum_{m=0}^{\infty} \frac{(-1)^m}{(2m+1)!} x^{2m+1} \\ &= a_0 \cos x + a_1 \sin x \quad (a_0, a_1 \text{ は任意定数}) \end{aligned}$$

として求める一般解が得られる． □

次に，ルジャンドルの微分方程式について考察する．

ルジャンドルの微分方程式

$k \in \mathbf{R}$ とするとき，ルジャンドル (Legendre) の微分方程式[1]とは，次の形の 2 階の微分方程式のことである．
$$(1-x^2)y'' - 2xy' + k(k+1)y = 0 \tag{5.6}$$

以下，ルジャンドルの微分方程式 (5.6) の一般解を導出する．方程式 (5.6) の両辺を $1-x^2$ で割ると，y' および y の係数に表れる関数はどちらも $x=0$ で解析的であるから，$x=0$ の近くでべき級数法を適用し，方程式 (5.6) の一般解を求めよう．$y = \sum\limits_{n=0}^{\infty} a_n x^n$ とおき，これを項別微分して，

$$y' = \sum_{n=1}^{\infty} n a_n x^{n-1},$$

$$y'' = \sum_{n=2}^{\infty} n(n-1) a_n x^{n-2}$$

が得られ，これらを (5.6) に代入すると，

$$\begin{aligned}
0 &= (1-x^2) \sum_{n=2}^{\infty} n(n-1) a_n x^{n-2} - 2x \sum_{n=1}^{\infty} n a_n x^{n-1} + k(k+1) \sum_{n=0}^{\infty} a_n x^n \\
&= \sum_{n=2}^{\infty} n(n-1) a_n x^{n-2} - \sum_{n=2}^{\infty} n(n-1) a_n x^n \\
&\quad - 2 \sum_{n=1}^{\infty} n a_n x^n + k(k+1) \sum_{n=0}^{\infty} a_n x^n \\
&= \sum_{n=0}^{\infty} (n+2)(n+1) a_{n+2} x^n - \sum_{n=2}^{\infty} n(n-1) a_n x^n \\
&\quad - 2 \sum_{n=1}^{\infty} n a_n x^n + k(k+1) \sum_{n=0}^{\infty} a_n x^n
\end{aligned}$$

を得る．上式において，各 x^n の係数を 0 とおくと，

---

[1] ルジャンドルの微分方程式は，フランスの数学者である Adrien Marie Legendre (1752-1833) に由来し，同方程式において，特に $k = 0, 1, 2, \cdots$ とした場合の特殊解としてルジャンドルの多項式が導かれることを以下で説明する．元来，ルジャンドルの多項式はニュートンポテンシャルをべき級数展開する際の係数として定義される．

5.2 べき級数解の存在とルジャンドルの微分方程式

$$\begin{cases} 2a_2 + k(k+1)a_0 = 0, \\ 6a_3 + (k-1)(k+2)a_1 = 0, \\ (n+2)(n+1)a_{n+2} + (k-n)(k+n+1)a_n = 0 \quad (n = 2, 3, 4, \cdots) \end{cases}$$

となり,したがって,

$$a_{n+2} = -\frac{(k-n)(k+n+1)}{(n+2)(n+1)}a_n \quad (n = 0, 1, 2, \cdots) \tag{5.7}$$

を得る.ゆえに,a_0 を任意定数とすると,

$$a_2 = -\frac{k(k+1)}{2}a_0,$$

$$a_4 = -\frac{(k-2)(k+3)}{4\cdot 3}a_2 = \frac{(k-2)(k+3)k(k+1)}{4!}a_0$$

などと,帰納的に $\{a_{2m}\}_{m=1}^{\infty}$ が定まる.同様に,a_1 を任意定数とすると,

$$a_3 = -\frac{(k-1)(k+2)}{3\cdot 2}a_1,$$

$$a_5 = -\frac{(k-3)(k+4)}{5\cdot 4}a_3 = \frac{(k-3)(k+4)(k-1)(k+2)}{5!}a_1$$

などと,帰納的に $\{a_{2m+1}\}_{m=1}^{\infty}$ が定まる.したがって,

$$\begin{aligned} y &= \sum_{m=0}^{\infty} a_{2m}x^{2m} + \sum_{m=0}^{\infty} a_{2m+1}x^{2m+1} \\ &= a_0 \left\{ 1 - \frac{k(k+1)}{2!}x^2 + \frac{(k-2)k(k+1)(k+3)}{4!}x^4 - \cdots \right\} \\ &\quad + a_1 \left\{ x - \frac{(k-1)(k+2)}{3!}x^3 + \frac{(k-3)(k-1)(k+2)(k+4)}{5!}x^5 - \cdots \right\} \\ &=: a_0 y_0(x) + a_1 y_1(x) \end{aligned}$$

となる.収束半径を調べると,べき級数 y_0, y_1 は $|x| < 1$ で収束することがわかる.また,明らかに y_0, y_1 は方程式 (5.6) の 1 次独立な解であるから,$y = a_0 y_0 + a_1 y_1$ (a_0, a_1 は任意定数) は (5.6) の一般解である.

さて,特に k を非負整数とすると,(5.7) より,$a_{k+2} = a_{k+4} = a_{k+6} = \cdots = 0$ となる.ゆえに,$k = 2l$ ($l = 0, 1, 2, \cdots$) のとき,

$$\widetilde{y}_0(x) := a_0 y_0(x) = \sum_{m=0}^{\infty} a_{2m}x^{2m} = \sum_{m=0}^{l} a_{2m}x^{2m}$$

となり，$\widetilde{y}_0$ は $k = 2l$ 次以下の多項式である．同様に，$k = 2l+1$ $(l = 0, 1, 2, \cdots)$ のとき，

$$\widetilde{y}_1(x) := a_1 y_1(x) = \sum_{m=0}^{\infty} a_{2m+1} x^{2m+1} = \sum_{m=0}^{l} a_{2m+1} x^{2m+1}$$

となり，$\widetilde{y}_1$ は $k = 2l+1$ 次以下の多項式である．

$k = 0$ のとき，$a_2 = a_4 = a_6 = \cdots = 0$ より，$\widetilde{y}_0(x) = a_0$ となる．a_0 は任意定数であるが，$a_0 = 1$ とおく．すなわち，$\widetilde{y}_0(x) = 1$ とする．

$k = 1$ のとき，$a_3 = a_5 = a_7 = \cdots = 0$ より，$\widetilde{y}_1(x) = a_1 x$ となる．a_1 は任意定数であるが，$a_1 = 1$ とおく．すなわち，$\widetilde{y}_1(x) = x$ とする．

$k = 2$ のとき，$a_4 = a_6 = a_8 = \cdots = 0$ であるから，(5.7) を用いて，

$$\widetilde{y}_0(x) = a_0 + a_2 x^2 = a_2 \left(-\frac{1}{3} + x^2 \right)$$

を得る．a_2 は任意定数であるが，$\widetilde{y}_0(1) = 1$ となるように a_2 を選ぶ．すなわち，$a_2 = \dfrac{3}{2}$ とする．このとき，$\widetilde{y}_0(x) = -\dfrac{1}{2} + \dfrac{3}{2} x^2$ となる．

$k = 3$ のとき，$a_5 = a_7 = a_9 = \cdots = 0$ であるから，(5.7) を用いて，

$$\widetilde{y}_1(x) = a_1 x + a_3 x^3 = a_3 \left(-\frac{3}{5} x + x^3 \right)$$

を得る．a_3 は任意定数であるが，$\widetilde{y}_1(1) = 1$ となるように a_3 を選ぶ．すなわち，$a_3 = \dfrac{5}{2}$ とする．このとき，$\widetilde{y}_1(x) = -\dfrac{3}{2} x + \dfrac{5}{2} x^3$ となる．

以下，同様の議論により，一般の非負整数 k に対して，$\widetilde{y}_0(x)$, $\widetilde{y}_1(x)$ を定義する．ここに，$\widetilde{y}_0(1) = 1, \widetilde{y}_1(1) = 1$ となるように任意定数の a_k を $a_k = \dfrac{(2k)!}{2^k (k!)^2}$ と定める．各非負整数 k に対し，このように定めた $\widetilde{y}_0(x)$ (k が偶数のとき) または $\widetilde{y}_1(x)$ (k が奇数のとき) を**ルジャンドルの多項式**といい，$P_k(x)$ で表す．$P_k(x)$ は具体的に次のように書ける．

$$P_k(x) = \begin{cases} \displaystyle\sum_{m=0}^{\frac{k}{2}} \frac{(-1)^m (2k-2m)!}{2^k m! (k-m)! (k-2m)!} x^{k-2m} & (k \text{ が偶数のとき}), \\ \displaystyle\sum_{m=0}^{\frac{k-1}{2}} \frac{(-1)^m (2k-2m)!}{2^k m! (k-m)! (k-2m)!} x^{k-2m} & (k \text{ が奇数のとき}) \end{cases}$$

(5.8)

問 5.2 べき級数法を用いて次の微分方程式を解け.
$$(1+x^2)y'' + 2xy' = 2y$$

5.3 ベッセルの微分方程式とベッセル関数

この節では，べき級数法を用いてベッセルの微分方程式の一般解を考察する．

ベッセルの微分方程式

$s \geq 0$ をパラメータとするとき，次の形の 2 階の微分方程式をベッセル (Bessel) の微分方程式[2]という．
$$x^2 y'' + xy' + (x^2 - s^2)y = 0 \tag{5.9}$$

方程式 (5.9) は $y(x) = \sum_{n=0}^{\infty} a_n x^{n+\alpha}$ $(a_0 \neq 0)$ なる形の解をもつことが知られている．$y(x)$ を項別微分すると，
$$y'(x) = \sum_{n=0}^{\infty} (n+\alpha) a_n x^{n+\alpha-1},$$
$$y''(x) = \sum_{n=0}^{\infty} (n+\alpha)(n+\alpha-1) a_n x^{n+\alpha-2}$$
となり，これらを (5.9) に代入して，
$$\sum_{n=0}^{\infty} (n+\alpha)(n+\alpha-1) a_n x^{n+\alpha} + \sum_{n=0}^{\infty} (n+\alpha) a_n x^{n+\alpha}$$
$$+ (x^2 - s^2) \sum_{n=0}^{\infty} a_n x^{n+\alpha}$$
$$= \sum_{n=0}^{\infty} (n+\alpha)(n+\alpha-1) a_n x^{n+\alpha} + \sum_{n=0}^{\infty} (n+\alpha) a_n x^{n+\alpha}$$
$$- s^2 \sum_{n=0}^{\infty} a_n x^{n+\alpha} + \sum_{n=2}^{\infty} a_{n-2} x^{n+\alpha} = 0$$
を得る．各 $x^{n+\alpha}$ の係数を 0 とすると，
$$\alpha(\alpha-1)a_0 + \alpha a_0 - s^2 a_0 = 0, \tag{5.10}$$

---
[2] ベッセルの微分方程式は，ドイツの数学者である Friedrich Wilhelm Bessel (1784-1846) に由来し，円筒座標を用いてラプラス方程式またはヘルムホルツ方程式を解く場合などに現れる．

$$\alpha(\alpha+1)a_1 + (\alpha+1)a_1 - s^2 a_1 = 0, \tag{5.11}$$

$$(n+\alpha)(n+\alpha-1)a_n + (n+\alpha)a_n - s^2 a_n + a_{n-2} = 0$$
$$(n = 2, 3, 4, \cdots) \tag{5.12}$$

となる. $a_0 \neq 0$ であるから, (5.10) より, $(\alpha+s)(\alpha-s) = 0$ が得られ, ゆえに $\alpha = \pm s$ となる.

まず, $\alpha = s$ とする. このとき, (5.11) より

$$0 = a_1\{s(s+1) + (s+1) - s^2\} = a_1(2s+1)$$

が成り立ち, $s \geq 0$ であるから, $a_1 = 0$ を得る. さらに, (5.12) より,

$$0 = (n+s)(n+s-1)a_n + (n+s)a_n - s^2 a_n + a_{n-2}$$
$$= \{(n+s)^2 - s^2\}a_n + a_{n-2}$$
$$= n(n+2s)a_n + a_{n-2} \qquad (n = 2, 3, 4, \cdots) \tag{5.13}$$

が成り立つ. $a_1 = 0, s \geq 0$ に注意すると, (5.13) より $a_1 = a_3 = a_5 = \cdots = 0$ がわかる. また, (5.13) より

$$2m(2m+2s)a_{2m} + a_{2m-2} = 4m(m+s)a_{2m} + a_{2m-2} = 0$$
$$(m = 1, 2, 3, \cdots) \tag{5.14}$$

が得られ, a_0 を任意定数とするとき, (5.14) より $\{a_{2m}\}_{m=1}^{\infty}$ が a_0 を用いて決定される. a_0 は任意定数であるが, 特に $a_0 = \dfrac{1}{\Gamma(s+1)2^s}$ とおく. ここに, Γ はガンマ関数を表す. このとき, (5.14) を用いて

$$a_{2m} = \frac{(-1)^m}{2^{2m+s} m!\, \Gamma(m+s+1)} \qquad (m = 1, 2, 3, \cdots)$$

が得られる. したがって,

$$y(x) = \sum_{n=0}^{\infty} a_n x^{n+s} = \sum_{m=0}^{\infty} a_{2m} x^{2m+s}$$
$$= \sum_{m=0}^{\infty} \frac{(-1)^m}{2^{2m+s} m!\, \Gamma(m+s+1)} x^{2m+s} \tag{5.15}$$

として, 方程式 (5.9) の解を得る.

この解 $y(x)$ を $J_s(x)$ と書き, $J_s(x)$ は s 次の第 1 種ベッセル関数とよばれる. 特に, $s = k = 0, 1, 2, \cdots$ のとき,

$$J_k(x) = \sum_{m=0}^{\infty} \frac{(-1)^m}{2^{2m+k} m!\, (m+k)!} x^{2m+k} \tag{5.16}$$

5.3 ベッセルの微分方程式とベッセル関数

となることに注意する. また, $s > 0$ が整数でないとき, (5.15) において, s を $-s$ に置き換えた関数, すなわち,

$$J_{-s}(x) = \sum_{m=0}^{\infty} \frac{(-1)^m}{2^{2m-s} m! \, \Gamma(m-s+1)} x^{2m-s} \tag{5.17}$$

も方程式 (5.9) の解であり, $J_s(x)$ と $J_{-s}(x)$ は 1 次独立であることがわかる. したがって, $s > 0$ が整数でないとき, 方程式 (5.9) の一般解は

$$y(x) = c_1 J_s(x) + c_2 J_{-s}(x) \qquad (c_1, c_2 \text{ は任意定数})$$

と書ける.

次に, $s = k = 0, 1, 2, \cdots$ のとき, $J_k(x)$ と 1 次独立な方程式 (5.9) のもう一つの解を考察する. 簡単のため, $k = 0$ のときを考える. このとき方程式 (5.9) は

$$x^2 y'' + xy' + x^2 y = 0 \tag{5.18}$$

となる. 方程式 (5.18) と 1 次独立なもう一つの解として

$$y(x) = \sum_{n=1}^{\infty} a_n x^n + J_0(x) \log x$$

とおく. $y(x)$ を微分すると,

$$y'(x) = \sum_{n=1}^{\infty} n a_n x^{n-1} + J_0'(x) \log x + \frac{J_0(x)}{x},$$

$$y''(x) = \sum_{n=2}^{\infty} n(n-1) a_n x^{n-2} + J_0''(x) \log x + \frac{2 J_0'(x)}{x} - \frac{J_0(x)}{x^2}$$

が得られ, これらを方程式 (5.18) に代入すると,

$$\sum_{n=2}^{\infty} n(n-1) a_n x^n + J_0''(x) x^2 \log x + 2x J_0'(x) - J_0(x)$$

$$+ \sum_{n=1}^{\infty} n a_n x^n + J_0'(x) x \log x + J_0(x) + \sum_{n=1}^{\infty} a_n x^{n+2} + J_0(x) x^2 \log x$$

$$= \sum_{n=2}^{\infty} n(n-1) a_n x^n + \sum_{n=1}^{\infty} n a_n x^n + \sum_{n=1}^{\infty} a_n x^{n+2} + 2x J_0'(x)$$

$$\quad + \left(x^2 J_0''(x) + x J_0'(x) + x^2 J_0(x) \right) \log x$$

$$= \sum_{n=2}^{\infty} n(n-1) a_n x^n + \sum_{n=1}^{\infty} n a_n x^n + \sum_{n=1}^{\infty} a_n x^{n+2} + 2x J_0'(x) = 0$$

となり，ゆえに

$$\sum_{n=1}^{\infty} n(n-1)a_n x^{n-1} + \sum_{n=1}^{\infty} na_n x^{n-1} + \sum_{n=1}^{\infty} a_n x^{n+1} + 2J_0'(x)$$

$$= \sum_{n=1}^{\infty} n^2 a_n x^{n-1} + \sum_{n=1}^{\infty} a_n x^{n+1} + 2J_0'(x) = 0 \tag{5.19}$$

を得る．(5.16) より

$$J_0(x) = \sum_{m=0}^{\infty} \frac{(-1)^m}{2^{2m}(m!)^2} x^{2m}$$

であるから，

$$J_0'(x) = \sum_{m=1}^{\infty} \frac{(-1)^m}{2^{2m-1} m!(m-1)!} x^{2m-1}$$

となり，これを (5.19) に代入して，

$$\sum_{n=1}^{\infty} n^2 a_n x^{n-1} + \sum_{n=1}^{\infty} a_n x^{n+1} + \sum_{n=1}^{\infty} \frac{(-1)^n}{2^{2n-2} n!(n-1)!} x^{2n-1} = 0 \tag{5.20}$$

が成り立つ．この (5.20) において，各 x のべきの係数を 0 とおく．まず，x^0 の係数は a_1 であるから，$a_1 = 0$．また，(5.20) の左辺の第 3 項目のべき級数は x の偶数のべきを含まないから，x^{2m} ($m = 1, 2, 3, \cdots$) の係数の和を 0 とおくと，

$$(2m+1)^2 a_{2m+1} + a_{2m-1} = 0 \quad (m = 1, 2, 3, \cdots)$$

となり，$a_1 = 0$ であるから，$a_1 = a_3 = a_5 = \cdots = 0$ となる．次に，x^1 の係数の和を 0 とおくと，$4a_2 - 1 = 0$，すなわち，$a_2 = \dfrac{1}{4}$ を得る．また，x^{2m+1} ($m = 1, 2, 3, \cdots$) の係数の和を 0 とおくと，

$$\frac{(-1)^{m+1}}{2^{2m} m!(m+1)!} + (2m+2)^2 a_{2m+2} + a_{2m} = 0 \quad (m = 1, 2, 3, \cdots) \tag{5.21}$$

となる．$a_2 = \dfrac{1}{4}$ を用いて，漸化式 (5.21) を解くと，

$$a_{2m} = \frac{(-1)^{m-1}}{2^{2m}(m!)^2} \sum_{k=1}^{m} \frac{1}{k} \quad (m = 1, 2, 3, \cdots) \tag{5.22}$$

が得られる．この (5.22) および $a_1 = a_3 = a_5 = \cdots = 0$ を用いて，

5.3 ベッセルの微分方程式とベッセル関数

$$y(x) = \sum_{m=1}^{\infty} a_{2m} x^{2m} + J_0(x) \log x$$
$$= \sum_{m=1}^{\infty} \left\{ \frac{(-1)^{m-1}}{2^{2m}(m!)^2} \sum_{k=1}^{m} \frac{1}{k} \right\} x^{2m} + J_0(x) \log x$$

となる．ここで構成された $y(x)$ は $J_0(x)$ と 1 次独立な方程式 (5.18) の解であるが，特に $J_0(x)$ と 1 次独立な解として，

$$\widetilde{y}(x) = \frac{2}{\pi} \{(\gamma - \log 2) J_0(x) + y(x)\}$$
$$= \frac{2}{\pi} \left[\left(\gamma + \log \frac{x}{2} \right) J_0(x) + \sum_{m=1}^{\infty} \left\{ \frac{(-1)^{m-1}}{2^{2m}(m!)^2} \sum_{k=1}^{m} \frac{1}{k} \right\} x^{2m} \right] \quad (5.23)$$

を選ぶ．ここに，γ は**オイラーの定数**であり，

$$\gamma := \lim_{m \to \infty} \left(\sum_{k=1}^{m} \frac{1}{k} - \log m \right)$$

で与えられる．ここで得られた $\widetilde{y}(x)$ を $\widetilde{y}(x) = Y_0(x)$ と表し，$Y_0(x)$ は **0 次の第 2 種ベッセル関数**とよばれる．

上記の議論によって，$s = k = 0$ のとき，$J_0(x)$ と 1 次独立なベッセルの微分方程式 (5.9) の解 $Y_0(x)$ が得られたが，同様の手法により，一般の $s = k = 0, 1, 2, \cdots$ に対しても $J_k(x)$ と 1 次独立な 2 つ目の解が構成できる．一方，すでに述べたように，$s > 0$ が整数でないときは $J_s(x)$ と 1 次独立な 2 つ目の解は $J_{-s}(x)$ として簡単に与えられる．しかし，$s > 0$ が整数であるときとそうでないときを比較して，これまでに述べた $J_s(x)$ と 1 次独立なもう一つの解の構成法は明らかに統一的とはいえないであろう．このことをふまえ，任意の $s \geq 0$ に対し，統一的な観点で方程式 (5.9) の一般解を構成する方法を以下に述べる．具体的に，$s \geq 0$ に対し，関数 $Y_s(x)$ を次式で定義する．

$$Y_s(x) := \begin{cases} \dfrac{1}{\sin(s\pi)} \left(J_s(x) \cos(s\pi) - J_{-s}(x) \right) & (s\text{ は整数でないとき}), \\ \lim_{t \to s} Y_t(x) & (s\text{ は整数のとき}) \end{cases}$$

ここで定義された $Y_s(x)$ は **s 次の第 2 種ベッセル関数**とよばれる．このとき，$Y_s(x)$ は $J_s(x)$ と 1 次独立なベッセルの微分方程式 (5.9) の解となることが知られているが，このことを以下考察しよう．

まず，s が整数でないときを考える．このとき，$Y_s(x)$ は $J_s(x)$ と $J_{-s}(x)$ の線形和であり，かつ $J_s(x)$ および $J_{-s}(x)$ はベッセル方程式 (5.9) の解であるから，$Y_s(x)$ も方程式 (5.9) の解である．また，$J_s(x)$ と $J_{-s}(x)$ は 1 次独立であり，$Y_s(x)$ は $J_{-s}(x)$ を一部に含んでいるから，$J_s(x)$ と $Y_s(x)$ は 1 次独立であることがわかる．

次に，s が整数であるとすると，極限値 $Y_s(x) := \lim_{t \to s} Y_t(x)$ が存在し，関数 $Y_s(x)$ は $J_s(x)$ と 1 次独立な方程式 (5.9) の解であることが証明される．また，(5.15) および (5.17) を用いて $Y_t(x)\,(t \neq s)$ を級数展開し，$t \to s$ とすることにより，$Y_s(x)$ の級数展開が次のように求められる．

$$Y_s(x) = \frac{2}{\pi}\left(\gamma + \log\frac{x}{2}\right)J_s(x)$$
$$+ \frac{1}{\pi}\sum_{m=0}^{\infty}\left\{\frac{(-1)^{m-1}}{2^{2m+s}m!(m+s)!}\left(\sum_{k=1}^{m}\frac{1}{k} + \sum_{k=1}^{m+s}\frac{1}{k}\right)\right\}x^{2m+s}$$
$$- \frac{1}{\pi}\sum_{m=0}^{s-1}\frac{(s-m-1)!}{2^{2m-s}m!}x^{2m-s} \quad (s = 0, 1, 2, 3, \cdots) \quad (5.24)$$

この式 (5.24) において，$\sum_{k=1}^{0}$ および $\sum_{m=0}^{-1}$ が現れる項は 0 とおくこととする．このとき，(5.24) において，$s = 0$ として得られる関数は，(5.23) における関数と一致することに注意する．

結論として，任意の $s \geq 0$ に対し，ベッセルの微分方程式 (5.9) の一般解は

$$y(x) = c_1 J_s(x) + c_2 Y_s(x) \quad (c_1, c_2 \text{ は任意定数})$$

で与えられる．

5.4 スツルム・リウヴィル問題と固有関数の直交性

この節では，前節で扱ったルジャンドルの微分方程式やベッセルの微分方程式を一般化したスツルム・リウヴィル方程式を紹介し，その固有関数の性質について述べる．

定義 5.2 区間 $[a, b]$ 上の実数値関数 $f(x), g(x)$ に対して，f と g の内積を (f, g) と表し，次式で定義する．

5.4 スツルム・リウヴィル問題と固有関数の直交性

$$(f, g) := \int_a^b f(x)g(x)\,dx$$

$(f,g) = 0$ となるとき，***f*** と ***g*** は **直交する** という．また，f のノルムを $\|f\|$ と表し，$\|f\| := \sqrt{(f,f)}$ で定義する．$\{f_n\}_{n=1}^{\infty}$ を関数列とするとき，すべての $n \neq m$ なる n, m に対して $(f_n, f_m) = 0$ が成り立つならば，$\{f_n\}_{n=1}^{\infty}$ は **直交系** であるという．また，すべての n に対して $\|f_n\| = 1$ が成り立つならば，$\{f_n\}_{n=1}^{\infty}$ は **正規系** であるという．さらに，$\{f_n\}_{n=1}^{\infty}$ はすべての n, m に対し $(f_n, f_m) = \delta_{nm}$ を満たすとき，**正規直交系** であるとよばれる．ここで δ_{nm} はクロネッカーのデルタである．

例題 5.3 関数列

$$\left\{ \frac{1}{\sqrt{2\pi}}, \frac{\cos x}{\sqrt{\pi}}, \frac{\sin x}{\sqrt{\pi}}, \frac{\cos 2x}{\sqrt{\pi}}, \frac{\sin 2x}{\sqrt{\pi}}, \cdots \right\}$$

は正規直交系であることを示せ．

[解答例] まず，明らかに $\left\| \dfrac{1}{\sqrt{2\pi}} \right\| = 1$ であり，すべての $n = 1, 2, 3, \cdots$ に対して，$\left(\dfrac{1}{\sqrt{2\pi}}, \dfrac{\sin nx}{\sqrt{\pi}} \right) = \left(\dfrac{1}{\sqrt{2\pi}}, \dfrac{\cos nx}{\sqrt{\pi}} \right) = 0$ が成り立つ．また，$n, m = 1, 2, 3, \cdots$ とするとき，

$$\int_{-\pi}^{\pi} \sin nx \cos mx\,dx = \frac{1}{2}\int_{-\pi}^{\pi} \sin(n+m)x\,dx + \frac{1}{2}\int_{-\pi}^{\pi} \sin(n-m)x\,dx$$
$$= 0$$

となる．すなわち，$\left(\dfrac{\sin nx}{\sqrt{\pi}}, \dfrac{\cos mx}{\sqrt{\pi}} \right) = 0$ が成り立つ．また，$n, m = 1, 2, 3, \cdots$ に対して，

$$\int_{-\pi}^{\pi} \sin nx \sin mx\,dx = \frac{1}{2}\int_{-\pi}^{\pi} \cos(n-m)x\,dx - \frac{1}{2}\int_{-\pi}^{\pi} \cos(n+m)x\,dx$$
$$= \begin{cases} 0 & (n \neq m), \\ \pi & (n = m) \end{cases}$$

がわかる．ゆえに，$\left\| \dfrac{\sin nx}{\sqrt{\pi}} \right\| = 1$ および $\left(\dfrac{\sin nx}{\sqrt{\pi}}, \dfrac{\sin mx}{\sqrt{\pi}} \right) = 0 \ (n \neq m)$ が

成り立つ．同様にして，$\left\|\dfrac{\cos nx}{\sqrt{\pi}}\right\| = 1$ および $\left(\dfrac{\cos nx}{\sqrt{\pi}}, \dfrac{\cos mx}{\sqrt{\pi}}\right) = 0$ $(n \neq m)$ が示される．以上より，与えられた関数列は正規直交系であることがわかる． □

次に，一般化された関数の直交性の定義を与える．

定義 5.3 $w(x) \not\equiv 0$ を区間 $[a,b]$ 上の非負値関数とする．このとき，関数 $f(x), g(x)$ の $\boldsymbol{w}$ に関する**重み付き内積**を $(f,g)_w$ と表し，次で定義する．
$$(f,g)_w := \int_a^b f(x)g(x)w(x)\,dx$$
$(f,g)_w = 0$ となるとき，$\boldsymbol{f}$ と $\boldsymbol{g}$ は $\boldsymbol{w}$ に関して**直交する**という．また，f の w に関する**重み付きノルム**を $\|f\|_w$ と表し，$\|f\|_w := \sqrt{(f,f)_w}$ で定義する．$\{f_n\}_{n=1}^{\infty}$ を関数列とするとき，すべての $n \neq m$ なる n,m に対して，$(f_n, f_m)_w = 0$ が成り立つならば，$\{f_n\}_{n=1}^{\infty}$ は $\boldsymbol{w}$ に関する**直交系**であるという．また，すべての n に対して $\|f_n\|_w = 1$ が成り立つならば，$\{f_n\}_{n=1}^{\infty}$ は $\boldsymbol{w}$ に関する**正規系**であるという．さらに，$\{f_n\}_{n=1}^{\infty}$ はすべての n,m に対し，$(f_n, f_m)_w = \delta_{nm}$ を満たすとき，$\boldsymbol{w}$ に関する**正規直交系**であるとよばれる．ここで δ_{nm} はクロネッカーのデルタである．特に，$w \equiv 1$ のとき，w に関する正規直交系は，通常の正規直交系と一致することに注意する．

次に，前節で述べたルジャンドルの微分方程式およびベッセルの微分方程式を一般化した方程式であるスツルム・リウヴィル方程式を考察する．

── スツルム・リウヴィル問題 ──

$f_1(x), f_2(x), f_3(x)$ を区間 $[a,b]$ 上の関数，λ を実数とするとき，次の2階の微分方程式を考察する．
$$(f_1(x)y')' + (\lambda f_2(x) + f_3(x))y = 0 \quad (a \leq x \leq b) \quad (5.25)$$
また，d_1, d_2, d_3, d_4 を $(d_1, d_2) \neq (0,0)$ かつ $(d_3, d_4) \neq (0,0)$ を満たす定数とするとき，方程式 (5.25) の**境界条件**として

5.4 スツルム・リウヴィル問題と固有関数の直交性

$$\begin{cases} d_1 y(a) + d_2 y'(a) = 0, \\ d_3 y(b) + d_4 y'(b) = 0 \end{cases} \quad (5.26)$$

を課す．方程式 (5.25) を**スツルム・リウヴィル** (Sturm-Liouville) **方程式**，境界値問題 (5.25)–(5.26) を**スツルム・リウヴィル問題**という．

これまでに述べたルジャンドルの微分方程式およびベッセルの微分方程式は (5.25) の形をしていることに注意する．明らかに，任意の λ に対して，境界値問題 (5.25)–(5.26) は自明解 $y \equiv 0$ をもつ．また，ある λ に対し，境界値問題 (5.25)–(5.26) が非自明解 $y \not\equiv 0$ をもつとき，λ を**固有値**，y を固有値 λ に対する**固有関数**とよぶ．

例題 5.4 λ を実数，$l > 0$ とするとき，次のスツルム・リウヴィル問題の固有値と固有関数を求めよ．

$$\begin{cases} y'' + \lambda y = 0, & (5.27) \\ y(0) = y(l) = 0 & (5.28) \end{cases}$$

[解答例] $\lambda < 0$ のとき，方程式 (5.27) の一般解は，

$$y(x) = c_1 e^{\sqrt{-\lambda}x} + c_2 e^{-\sqrt{-\lambda}x} \quad (c_1, c_2 \text{ は任意定数})$$

と書ける．境界条件 (5.28) は

$$\begin{cases} c_1 + c_2 = 0, \\ c_1 e^{\sqrt{-\lambda}l} + c_2 e^{-\sqrt{-\lambda}x} = 0 \end{cases}$$

となり，これを解いて $c_1 = c_2 = 0$ を得る．よって，境界値問題 (5.27)–(5.28) は自明解しかもちえず，$\lambda < 0$ は固有値ではない．

次に，$\lambda = 0$ とする．このとき，$y'' = 0$ より，$y(x) = c_1 x + c_2$ となるが，$y(0) = y(l) = 0$ より $c_1 = c_2 = 0$ となり，$\lambda = 0$ は境界値問題 (5.27)–(5.28) の固有値ではない．

最後に，$\lambda > 0$ とする．このとき方程式 (5.27) の一般解は，

$$y(x) = c_1 \cos\sqrt{\lambda}x + c_2 \sin\sqrt{\lambda}x \quad (c_1, c_2 \text{ は任意定数})$$

となる．$y(0) = 0$ より $c_1 = 0$ となり，さらに $y(l) = 0$ を用いて，$y(l) = c_2 \sin\sqrt{\lambda}l = 0$ が得られる．ゆえに，$c_2 \neq 0$ とすると，$\lambda = \left(\dfrac{n\pi}{l}\right)^2$ ($n =$

$1, 2, 3, \cdots$)となる.したがって,$\lambda = \left(\dfrac{n\pi}{l}\right)^2 (n = 1, 2, 3, \cdots)$は境界値問題(5.27)–(5.28)の固有値であり,固有関数は$y = \sin\dfrac{n\pi x}{l} (n = 1, 2, 3, \cdots)$である. □

例題 5.5 次のスツルム・リウヴィル問題の固有値と固有関数を求めよ.

$$\begin{cases} y'' + \lambda y = 0, & (5.29) \\ y'(0) = y'(l) = 0 & (5.30) \end{cases}$$

[解答例] $\lambda < 0$のとき,方程式(5.29)の一般解は,

$$y(x) = c_1 e^{\sqrt{-\lambda}x} + c_2 e^{-\sqrt{-\lambda}x} \quad (c_1, c_2 \text{は任意定数})$$

となる.これを微分すると,

$$y'(x) = c_1 \sqrt{-\lambda} e^{\sqrt{-\lambda}x} - c_2 \sqrt{-\lambda} e^{-\sqrt{-\lambda}x}$$

となり,境界条件(5.30)は

$$\begin{cases} c_1 - c_2 = 0, \\ e^{\sqrt{-\lambda}l} c_1 - e^{-\sqrt{-\lambda}l} c_2 = 0 \end{cases}$$

となる.これを解いて,$c_1 = c_2 = 0$を得る.よって,境界値問題(5.29)–(5.30)は自明解しかもちえず,$\lambda < 0$は固有値ではない.

$\lambda = 0$のとき,$y'' = 0$より,$y(x) = c_1 x + c_2$となる.境界条件(5.30)より$c_1 = 0$が得られる.よって,$\lambda = 0$は境界値問題(5.29)–(5.30)の固有値であり,固有関数は$y \equiv 1$である.

最後に,$\lambda > 0$とする.このとき,方程式(5.29)の一般解は,

$$y(x) = c_1 \cos\sqrt{\lambda}x + c_2 \sin\sqrt{\lambda}x \quad (c_1, c_2 \text{は任意定数})$$

となる.これを微分すると,

$$y'(x) = -c_1 \sqrt{\lambda} \sin\sqrt{\lambda}x + c_2 \sqrt{\lambda} \cos\sqrt{\lambda}x$$

となり,境界条件(5.30)は

$$\begin{cases} c_2 \sqrt{\lambda} = 0, \\ -c_1 \sqrt{\lambda} \sin\sqrt{\lambda}l + c_2 \sqrt{\lambda} \cos\sqrt{\lambda}l = 0 \end{cases}$$

となる.ゆえに,$c_2 = 0$であり,$c_1 \neq 0$とすると,$\sin\sqrt{\lambda}l = 0$が得られ,$\lambda =$

5.4 スツルム・リウヴィル問題と固有関数の直交性

$\left(\dfrac{n\pi}{l}\right)^2 (n = 1, 2, 3, \cdots)$ となる．よって，$\lambda = \left(\dfrac{n\pi}{l}\right)^2 (n = 1, 2, 3, \cdots)$ は境界値問題 (5.29)–(5.30) の固有値であり，固有関数は $y = \cos\dfrac{n\pi x}{l} (n = 1, 2, 3, \cdots)$ である． □

次に，スツルム・リウヴィル問題 (5.25)–(5.26) の固有関数の直交性を示す，次の重要な定理を証明する．

> **定理 5.1** f_1 は区間 $[a, b]$ 上の C^1-級関数，f_2, f_3 は $[a, b]$ 上の連続関数とする．また，λ_1, λ_2 はスツルム・リウヴィル問題 (5.25)–(5.26) の異なる固有値とし，それぞれに対応する固有関数を y_1, y_2 とする．このとき，y_1 と y_2 は f_2 に関して直交する．

証明． y_1, y_2 はそれぞれスツルム・リウヴィル問題 (5.25)–(5.26) の固有値 λ_1, λ_2 に対する固有関数であるから，

$$(f_1 y_1')' + (\lambda_1 f_2 + f_3) y_1 = 0, \tag{5.31}$$

$$(f_1 y_2')' + (\lambda_2 f_2 + f_3) y_2 = 0 \tag{5.32}$$

が成り立つ．(5.31) $\times\, y_2 -$ (5.32) $\times\, y_1$ より

$$(f_1 y_1')' y_2 - (f_1 y_2')' y_1 + \lambda_1 f_2 y_1 y_2 - \lambda_2 f_2 y_1 y_2 = 0,$$

すなわち，

$$(\lambda_2 - \lambda_1) f_2 y_1 y_2 = (f_1 y_1')' y_2 - (f_1 y_2')' y_1 = (f_1 y_1' y_2 - f_1 y_2' y_1)' \tag{5.33}$$

を得る．(5.33) を $[a, b]$ 上で積分すると，

$$(\lambda_2 - \lambda_1) \int_a^b y_1 y_2 f_2 \, dx = \int_a^b (f_1 y_1' y_2 - f_1 y_2' y_1)' \, dx$$

$$= f_1(b) \left(y_1'(b) y_2(b) - y_2'(b) y_1(b) \right) - f_1(a) \left(y_1'(a) y_2(a) - y_2'(a) y_1(a) \right) \tag{5.34}$$

となる．ここで，

$$y_1'(a) y_2(a) - y_2'(a) y_1(a) = 0, \tag{5.35}$$

$$y_1'(b) y_2(b) - y_2'(b) y_1(b) = 0 \tag{5.36}$$

を示す．まず，境界条件 (5.26) の第 1 式より

$$\begin{cases} d_1 y_1(a) + d_2 y_1'(a) = 0, \\ d_1 y_2(a) + d_2 y_2'(a) = 0 \end{cases} \quad (5.37)$$

が成り立つ．仮定より，$(d_1, d_2) \neq (0,0)$ であるから，例えば $d_2 \neq 0$ とする．このとき，(5.37) より $y_1'(a) = -\dfrac{d_1}{d_2} y_1(a)$, $y_2'(a) = -\dfrac{d_1}{d_2} y_2(a)$ となり，これらを用いて (5.35) が示される．また，$d_2 = 0$ の場合は，$d_1 \neq 0$ となるから，同様の議論により (5.35) が示される．次に，(5.36) に関してであるが，境界条件 (5.26) の第 1 式の代わりに第 2 式を用いて同様の議論を行うことにより導かれる．以上より，(5.34) の最右辺は 0 となる．よって，仮定より $\lambda_1 \neq \lambda_2$ であるから，y_1, y_2 の f_2 に関する重み付き内積は

$$(y_1, y_2)_{f_2} = \int_a^b y_1 y_2 f_2 \, dx = 0$$

が成り立ち，y_1 と y_2 は f_2 に関して直交する． □

さて，定理 5.1 を利用して，**ルジャンドルの多項式およびベッセル関数の直交性**について考察する．

まず，(5.8) で定義されるルジャンドルの多項式 $P_k(x)$ ($k = 0, 1, 2, \cdots$) はルジャンドルの微分方程式

$$(1 - x^2) y'' - 2xy' + k(k+1) y = 0 \quad (5.38)$$

の解であることを思い出そう．方程式 (5.38) は，

$$\{(1 - x^2) y'\}' + k(k+1) y = 0 \quad (5.39)$$

と書けるから，これはスツルム・リウヴィル方程式 (5.25) において，

$$f_1(x) = 1 - x^2, \quad f_2(x) = 1, \quad f_3(x) = 0, \quad \lambda = \lambda_k := k(k+1)$$

とおいたものになっていることに注意する．方程式 (5.39) を $0 \leq x \leq 1$ の範囲で考えると，(5.34) の最右辺は 0 となり，境界条件 (5.26) を仮定せずに，定理 5.1 が適用可能であることがわかる．したがって，定理 5.1 より，$\{P_k\}_{k=0}^{\infty}$ は関数 $f_2(x) = 1$ に関する直交系であることがわかる．すなわち，$\{P_k\}_{k=0}^{\infty}$ は通常の意味で直交系である．

5.4 スツルム・リウヴィル問題と固有関数の直交性

次に，ベッセル関数の直交性について考察する．第1種ベッセル関数 $J_k(x)$ $(k = 0, 1, 2, \cdots)$ は，ベッセルの微分方程式の解であるから，

$$x^2 J_k''(x) + x J_k'(x) + (x^2 - s^2) J_k(x) = 0 \tag{5.40}$$

を満たす．ここで，$\widetilde{J}_{k,\mu}(x) := J_k(\mu x)$ $(\mu \neq 0)$ とおくと，

$$\widetilde{J}_{k,\mu}'(x) = \mu J_k'(\mu x), \quad \widetilde{J}_{k,\mu}''(x) = \mu^2 J_k''(\mu x)$$

となるから，(5.40) より，

$$(\mu x)^2 J_k''(\mu x) + \mu x J_k'(\mu x) + (\mu^2 x^2 - s^2) J_k(\mu x)$$
$$= x^2 \widetilde{J}_{k,\mu}''(x) + x \widetilde{J}_{k,\mu}'(x) + (\mu^2 x^2 - s^2) \widetilde{J}_{k,\mu}(x) = 0,$$

すなわち，

$$x \widetilde{J}_{k,\mu}''(x) + \widetilde{J}_{k,\mu}'(x) + \left(\mu^2 x - \frac{s^2}{x} \right) \widetilde{J}_{k,\mu}(x)$$
$$= \left(x \widetilde{J}_{k,\mu}'(x) \right)' + \left(\mu^2 x - \frac{s^2}{x} \right) \widetilde{J}_{k,\mu}(x) = 0 \tag{5.41}$$

を得る．ゆえに，(5.41) は，スツルム・リウヴィル方程式 (5.25) において，特に，

$$f_1(x) = f_2(x) = x, \quad f_3(x) = -\frac{s^2}{x}, \quad \lambda = \mu^2$$

とおいたものになっていることがわかる．方程式 (5.41) を区間 $[0, l]$ 上で考えると，まず，$f_1(0) = 0$ であることに注意する．また，第1種ベッセル関数は無限個の零点をもつことが知られており，それらを $\gamma_{k1} < \gamma_{k2} < \gamma_{k3} < \cdots$ とする．このとき，$\mu l = \gamma_{kn}$ $(n = 1, 2, 3, \cdots)$，すなわち，$\mu = \mu_{kn} := \dfrac{\gamma_{kn}}{l}$ とおくと，γ_{kn} は第1種ベッセル関数の零点であるから，

$$\widetilde{J}_{k,\mu_{kn}}(l) = J_k(\mu_{kn} l) = J_k(\gamma_{kn}) = 0 \quad (n = 1, 2, 3, \cdots)$$

となる．したがって，$[0, l]$ 上で定理 5.1 を適用すると，$\left\{ \widetilde{J}_{k,\mu_{kn}} \right\}_{n=1}^{\infty}$ は $f_2(x) = x$ に関して直交系であることがわかる．すなわち，

$$\int_0^l \widetilde{J}_{k,\mu_{kn}}(x) \widetilde{J}_{k,\mu_{km}}(x) x \, dx = \int_0^l J_k(\mu_{kn} x) J_k(\mu_{km} x) x \, dx = 0 \quad (n \neq m)$$

が成り立つ．

章末問題

1. 次のべき級数の収束半径を求めよ.

(1) $\displaystyle\sum_{n=0}^{\infty} \frac{(-1)^n x^{2n}}{(2n)!}$ 　(2) $\displaystyle\sum_{n=0}^{\infty} \frac{(2n)!}{(n!)^3} x^n$ 　(3) $\displaystyle\sum_{n=0}^{\infty} \frac{(x-3)^{2n+1}}{n!}$

2. べき級数法を用いて次の微分方程式を解け.

(1) $(x+2)y' - 3y = 0$ 　(2) $y' - 4x^2 y = 0$ 　(3) $y'' + 9y = 0$

(4) $(1-x^2)y'' - 2xy' + 2y = 0$

3. (1) ルジャンドルの多項式 P_0, P_1, P_2, P_3, P_4 を求め，グラフを描け.

(2) ロドリーグ (Rodrigues) の公式とよばれる次の等式を示せ.

$$P_k(x) = \frac{1}{2^k k!} \frac{d^k}{dx^k}(x^2-1)^k \quad (k=0,1,2,\cdots)$$

4. λ を実数, $l > 0$ とするとき，次のスツルム・リウヴィル問題の固有値と固有関数を求めよ.

(1) $\begin{cases} y'' + \lambda y = 0, \\ y(0) = y'(l) = 0 \end{cases}$ 　(2) $\begin{cases} y'' + \lambda y = 0, \\ y'(0) = y(l) = 0 \end{cases}$ 　(3) $\begin{cases} y'' + \lambda y = 0, \\ y'(0) = y'(l) = 0 \end{cases}$

6
ラプラス変換

3 章で学んだように,2 階の定数係数線形常微分方程式を解くための本質はベクトル空間にあり,その実践は特性方程式の根の分類であった.同じ理論が 3 階以上の一般の定数係数線形常微分方程式についても成り立つが,階数が増えれば特性方程式の根の分類は至難の業となる (特殊な場合に限らなければ 5 階以上はお手上げであろう).

本章では,微分方程式を解く方法の一つとして,ラプラス変換を用いた解法について述べる.ラプラス変換は,時刻に関する微分方程式の微分や積分を,代数方程式の四則演算に変換し簡易化する.これに部分分数分解定理が加われば,定数係数線形常微分方程式は,階数によらず同じアプローチで解くことが可能となる.

6.1 ラプラス変換の定義とその基本的性質

6.1.1 ラプラス変換とは

$f(t)$ を実変数の実数値関数,s を実数とするとき

$$F(s) = \int_0^\infty f(t) e^{-st}\, dt \qquad (6.1)$$

で定義される s の関数 $F(s)$ を $f(t)$ の**ラプラス** (Laplace) **変換**といい,

$$F(s) = \mathcal{L}[f(t)] \quad \text{または} \quad F(s) = \mathcal{L}[f](s)\ (\text{または単に}\ \mathcal{L}[f])$$

と表す.このとき $F(s)$ をラプラス変換の**像**,$f(t)$ をその**原像**という.

一般には $f(t)$ は実変数の複素数値関数でよく,s も複素数とするが,我々の目的が実定数係数の線形常微分方程式を実数値解の範囲で解くことにあるとすれば,ラプラス変換を上のように定義して差し支えない.

無限積分 (6.1) の意味は，もちろん

$$F(s) = \lim_{T \to \infty} \int_0^T f(t)e^{-st} dt \qquad (6.2)$$

であるから，各 s に対して (6.2) の右辺の極限が存在するときに，$f(t)$ のラプラス変換が定義され，それを $F(s)$ とするわけである．例えば，単純な $f(t) = 1$ という定数関数のラプラス変換を考えてみよう．

$$\int_0^T 1 \cdot e^{-st} dt = \left[-\frac{e^{-st}}{s}\right]_0^T = \frac{1}{s} - \frac{e^{-sT}}{s}$$

となるから，$s > 0$ ならば

$$\int_0^T 1 \cdot e^{-st} dt \to \frac{1}{s} \quad (T \to \infty).$$

したがって

$$\mathcal{L}[1] = \frac{1}{s} \quad (s > 0) \qquad (6.3)$$

である．

問 6.1 実数 α に対し $\mathcal{L}[e^{\alpha t}] = \dfrac{1}{s - \alpha}$ $(s > \alpha)$ を示せ．

6.1.2 線 形 性

関数 $f(t)$ と $g(t)$ のラプラス変換が存在し，a は定数とする．このとき，

$$\begin{aligned}\mathcal{L}[af](s) &= \int_0^\infty af(t)e^{-st} dt \\ &= a\int_0^\infty f(t)e^{-st} dt \\ &= a\mathcal{L}[f](s)\end{aligned}$$

が成り立つことや，

$$\begin{aligned}\mathcal{L}[f+g](s) &= \int_0^\infty \{f(t) + g(t)\} e^{-st} dt \\ &= \int_0^\infty f(t)e^{-st} dt + \int_0^\infty g(t)e^{-st} dt \\ &= \mathcal{L}[f](s) + \mathcal{L}[g](s)\end{aligned}$$

が成り立つことは容易にわかるであろう．より一般に，これら 2 つの式を 1 つにまとめた

6.1 ラプラス変換の定義とその基本的性質

$$\mathcal{L}[af + bg] = a\mathcal{L}[f] + b\mathcal{L}[g] \tag{6.4}$$

が成り立つ．ただし，a, b は t に無関係な定数である．$\mathcal{L}$ で表される演算子のもつ (6.4) のような性質を**線形性**といい，$\mathcal{L}$ は**線形演算子**とよばれる．

6.1.3 合成積のラプラス変換

$$\int_0^t f(t-\tau)g(\tau)\,d\tau$$

を $f(t)$ と $g(t)$ の**合成積**といい，$f(t) * g(t)$ または $f * g$ と略記する．これのラプラス変換は

$$\mathcal{L}[f * g] = \int_0^\infty \left\{ \int_0^t f(t-\tau)g(\tau)\,d\tau \right\} e^{-st}\,dt$$

であるが，右辺の積分順序を交換し，$v = t - \tau$ によって積分変数を t から v に変えると

$$\int_0^\infty \left\{ \int_0^t f(t-\tau)g(\tau)\,d\tau \right\} e^{-st}\,dt = \int_0^\infty \left\{ \int_\tau^\infty f(t-\tau)e^{-st}\,dt \right\} g(\tau)\,d\tau$$

$$= \int_0^\infty \left\{ \int_0^\infty f(v)e^{-sv}\,dv \right\} g(\tau)e^{-s\tau}\,d\tau$$

$$= \mathcal{L}[f] \cdot \mathcal{L}[g],$$

すなわち

$$\mathcal{L}[f * g] = \mathcal{L}[f] \cdot \mathcal{L}[g] \tag{6.5}$$

となる．右辺は普通の積であることに注意されたい．

問 6.2 次の等式を示せ．
  (1) $f * g = g * f$ (2) $f * (g * h) = (f * g) * h$ (3) $f * (g + h) = f * g + f * h$

じつは，ラプラス変換の基本的な性質 (6.4), (6.5), および前節の (6.3) をいろいろ組み合わせることで，さまざまなラプラス変換の議論ができる．ラプラス変換の定義を忘れ，代わりにこれら 3 つの性質

$$\mathcal{L}[1] = \frac{1}{s} \quad (s > 0),$$

$$\mathcal{L}[af + bg] = a\mathcal{L}[f] + b\mathcal{L}[g],$$

$$\mathcal{L}[f*g] = \mathcal{L}[f] \cdot \mathcal{L}[g]$$

を有する演算 $\mathcal{L}$ がラプラス変換であると考えても，実用上それほど不都合はない．次節以降，それを実践していくことにする．

6.2　$f(t)$ の積分のラプラス変換

$f(t)$ を 0 から t まで積分した

$$\int_0^t f(\tau)\,d\tau$$

のラプラス変換を，$f(t)$ のラプラス変換 $\mathcal{L}[f]$ を用いて表したい．これはラプラス変換の定義式から直接導けるが，次のように合成積

$$\int_0^t f(\tau)\,d\tau = 1*f \tag{6.6}$$

と書けることに気がつくと，問題はかなり容易になる[1]．(6.3), (6.5) を用いると

$$\mathcal{L}\left[\int_0^t f(\tau)\,d\tau\right] = \mathcal{L}[1] \cdot \mathcal{L}[f]$$

なので

$$\mathcal{L}\left[\int_0^t f(\tau)\,d\tau\right] = \frac{1}{s}\mathcal{L}[f] \quad (s>0) \tag{6.7}$$

を得る．

次に，$f(t)$ を 0 から t まで積分したものに，さらに 0 から t まで積分したもの，すなわち，$f(t)$ を 0 から t まで2重に積分した

$$\int_0^t \left(\int_0^{\tau_1} f(\tau)\,d\tau\right) d\tau_1$$

のラプラス変換は，$\mathcal{L}[f]$ を用いてどう表されるであろうか．定義式 (6.1) から直接導く面倒はやらず，先のような合成積を用いた考え方をするとよい．

$$\int_0^t \left(\int_0^{\tau_1} f(\tau)\,d\tau\right) d\tau_1 = 1*\left(\int_0^t f(\tau)\,d\tau\right) = 1*(1*f)$$

---

[1] $f(t)$ を 0 から t まで積分することは，合成積の意味で f に 1 をかけることを意味する．

6.2 $f(t)$ の積分のラプラス変換

と書けるので，(6.3), (6.5) を用いると

$$\mathcal{L}\left[\int_0^t \left(\int_0^{\tau_1} f(\tau)\,d\tau\right) d\tau_1\right] = \mathcal{L}[1] \cdot \mathcal{L}[1*f]$$

$$= (\mathcal{L}[1])^2 \cdot \mathcal{L}[f] = \frac{1}{s^2}\mathcal{L}[f] \quad (s>0)$$

となる．一般に，$f(t)$ を 0 から t まで n 重に積分した

$$\int_0^t \int_0^{\tau_{n-1}} \cdots \int_0^{\tau_2} \left(\int_0^{\tau_1} f(\tau)\,d\tau\right) d\tau_1 \cdots d\tau_{n-1}$$

のラプラス変換も，(6.3), (6.5) を用いれば

$$\mathcal{L}\left[\int_0^t \int_0^{\tau_{n-1}} \cdots \int_0^{\tau_2} \left(\int_0^{\tau_1} f(\tau)\,d\tau\right) d\tau_1 \cdots d\tau_{n-1}\right] = \frac{1}{s^n}\mathcal{L}[f] \quad (s>0) \tag{6.8}$$

と求められる．

問 6.3 (6.8) を証明せよ．

(6.6) において，$f(t) \equiv 1$ とすると

$$1*1 = \int_0^t 1\,d\tau = t$$

を得る．さらに

$$1*1*1 = 1*(1*1) = 1*t = \int_0^t \tau\,d\tau = \frac{t^2}{2!}.$$

以下同様にして，n 個の 1 による合成積について，帰納的に

$$1*1*\cdots*1 = \frac{t^{n-1}}{(n-1)!} \tag{6.9}$$

を得る．この左辺のラプラス変換は，(6.3), (6.5) を用いれば

$$\mathcal{L}[\underbrace{1*1*\cdots*1}_{n\,\text{個}}] = (\mathcal{L}[1])^n = \frac{1}{s^n} \quad (s>0)$$

であるから，これと (6.9) により

$$\mathcal{L}\left[\frac{t^{n-1}}{(n-1)!}\right] = \frac{1}{s^n} \quad (s>0) \tag{6.10}$$

を得る．

問 **6.4** (6.9) を証明せよ．また，(6.10) をラプラス変換の定義式から直接導け．

なお，(6.9) により
$$\underbrace{1 * 1 * \cdots * 1}_{n \text{ 個}} * f = \frac{t^{n-1}}{(n-1)!} * f$$
となることから，
$$\mathcal{L}\left[\frac{t^{n-1}}{(n-1)!} * f\right] = (\mathcal{L}[1])^n \cdot \mathcal{L}[f] = \frac{1}{s^n}\mathcal{L}[f] \quad (s > 0) \quad (6.11)$$
を得るが，このラプラス変換は (6.8) と等しい．同じ像をもつラプラス変換 (6.8) と (6.11) に対し，これらの原像どうしも等しいことは，**コーシー (Cauchy) の公式**
$$\int_0^t \int_0^{\tau_{n-1}} \cdots \int_0^{\tau_2} \left(\int_0^{\tau_1} f(\tau)\,d\tau\right) d\tau_1 \cdots d\tau_{n-1} = \int_0^t \frac{(t-\tau)^{n-1}}{(n-1)!} f(\tau)\,d\tau \tag{6.12}$$
により保証される．

6.3 $f(t)$ の微分のラプラス変換

関数 $f(t)$ の導関数 $f'(t)$ のラプラス変換を $\mathcal{L}[f]$ を用いて表すには，微分積分学の基本公式
$$\int_0^t f'(\tau)\,d\tau = f(t) - f(0)$$
の両辺をラプラス変換すればよい．すなわち，$s > 0$ に対して
$$\frac{1}{s}\mathcal{L}[f'] = \mathcal{L}\left[\int_0^t f'(\tau)\,d\tau\right]$$
$$= \mathcal{L}[f] - f(0)\mathcal{L}[1]$$
$$= \mathcal{L}[f] - \frac{f(0)}{s}$$
であるから，
$$\mathcal{L}[f'] = s\mathcal{L}[f] - f(0) \quad (s > 0). \tag{6.13}$$

6.3 $f(t)$ の微分のラプラス変換

次に，$f'(t)$ の導関数，すなわち，$f(t)$ の 2 階導関数 $f''(t)$ のラプラス変換についても考えてみよう．(6.13) により，$s > 0$ に対して

$$\mathcal{L}[f''] = s\mathcal{L}[f'] - f'(0)$$

となるが，もう一度 (6.13) を用いれば

$$s\mathcal{L}[f'] - f'(0) = s\{s\mathcal{L}[f] - f(0)\} - f'(0),$$

したがって

$$\mathcal{L}[f''] = s^2\mathcal{L}[f] - sf(0) - f'(0) \quad (s > 0)$$

を得る．同様にして，一般の n 階導関数 $f^{(n)}(t)$ のラプラス変換は，帰納的に

$$\mathcal{L}\left[f^{(n)}\right] = s^n\mathcal{L}[f] - s^{n-1}f(0) - s^{n-2}f'(0) - \cdots - f^{(n-1)}(0) \quad (s > 0) \tag{6.14}$$

と求められる．

問 6.5 (1) (6.14) を証明せよ．

(2) $\dfrac{d^n x}{dt^n} = f(t)$, $x(0) = a_0$, $x'(0) = a_1$, $\cdots$, $x^{(n-1)}(0) = a_{n-1}$
を満たす関数 $x(t)$ のラプラス変換を求めよ．

(6.14) を $\mathcal{L}[f]$ について解くと

$$\mathcal{L}[f] = \frac{f(0)}{s} + \frac{f'(0)}{s^2} + \cdots + \frac{f^{(n-1)}(0)}{s^n} + \frac{1}{s^n}\mathcal{L}[f^{(n)}] \tag{6.15}$$

を得るが，(6.10) および (6.11) に注意すれば，この右辺は

$$f(0) + f'(0)t + \cdots + \frac{f^{(n-1)}(0)}{(n-1)!}t^{n-1} + \int_0^t \frac{(t-\tau)^{n-1}}{(n-1)!}f^{(n)}(\tau)\,d\tau$$

のラプラス変換

$$\mathcal{L}\left[f(0) + f'(0)t + \cdots + \frac{f^{(n-1)}(0)}{(n-1)!}t^{n-1} + \int_0^t \frac{(t-\tau)^{n-1}}{(n-1)!}f^{(n)}(\tau)\,d\tau\right] \tag{6.16}$$

と等しいことがわかる．同じ像をもつラプラス変換 (6.15) と (6.16) に対し，これらの原像どうしも等しいことは，ベルヌーイの剰余項を用いたテイラーの公式

$$f(t) = f(0) + f'(0)t + \cdots + \frac{f^{(n-1)}(0)}{(n-1)!}t^{n-1} + \int_0^t \frac{(t-\tau)^{n-1}}{(n-1)!}f^{(n)}(\tau)\,d\tau$$

により保証される．

6.4　指数関数のラプラス変換とその応用

指数関数 $e^{\alpha t}$ (α は実定数) のラプラス変換は，定義式 (6.1) から容易に導けるが，前節の結果を用いても求められる．(6.13) において $f(t) = e^{\alpha t}$ とおけば，$f'(t) = \alpha e^{\alpha t}$, $f(0) = 1$ であるから，

$$\alpha \mathcal{L}\left[e^{\alpha t}\right] = s\mathcal{L}\left[e^{\alpha t}\right] - 1 \quad (s > 0),$$

すなわち

$$(s - \alpha)\mathcal{L}\left[e^{\alpha t}\right] = 1.$$

定義式 (6.1) から，$\mathcal{L}\left[e^{\alpha t}\right]$ が存在するのは $s - \alpha > 0$ の場合であり，このとき

$$\mathcal{L}\left[e^{\alpha t}\right] = \frac{1}{s - \alpha} \tag{6.17}$$

を得る．特に $\alpha = 0$ のとき，

$$\mathcal{L}[1] = \frac{1}{s} \quad (s > 0)$$

が成り立ち，公式 (6.3) が導かれる．

以上をふまえ，ラプラス変換を用いていくつかの常微分方程式の初期値問題を解いてみよう．

○例 6.1　まずは，1 階の線形常微分方程式

$$\frac{dx}{dt} + ax = 0, \quad x(0) = x_0 \tag{6.18}$$

を満たす解 $x(t)$ を求める問題を考える．(6.18) の両辺をラプラス変換すると，(6.13) により，$s > 0$ に対して

$$s\mathcal{L}[x] - x(0) + a\mathcal{L}[x] = 0,$$

すなわち

$$(s + a)\mathcal{L}[x] = x_0$$

となる．これが $\mathcal{L}[x]$ について解けるとき，

6.4 指数関数のラプラス変換とその応用

$$\mathcal{L}[x] = \frac{x_0}{s+a} \tag{6.19}$$

を得る．(6.17) を考慮すれば

$$x(t) = x_0 e^{-at}$$

はラプラス変換 (6.19) の原像であるが，これが所望する解であることは容易に確認できる． □

○例 **6.2** では，非斉次形の線形常微分方程式

$$\frac{dx}{dt} + ax = f(t), \quad x(0) = x_0 \tag{6.20}$$

を満たす解 $x(t)$ を求める問題はどう解かれるか．ただし，$f(t)$ は連続関数とする．

先と同様に，(6.20) の両辺をラプラス変換すると，(6.13) により，$s > 0$ に対して

$$s\mathcal{L}[x] - x(0) + a\mathcal{L}[x] = \mathcal{L}[f],$$

すなわち

$$(s+a)\mathcal{L}[x] = x_0 + \mathcal{L}[f]$$

となる．これが $\mathcal{L}[x]$ について解けるとき，

$$\mathcal{L}[x] = \frac{x_0}{s+a} + \frac{1}{s+a}\mathcal{L}[f] \tag{6.21}$$

を得る．ところで，(6.5) かつ (6.17) により

$$\mathcal{L}\left[e^{-at} * f\right] = \mathcal{L}\left[e^{-at}\right] \cdot \mathcal{L}[f] = \frac{1}{s+a}\mathcal{L}[f] \quad (s > -a)$$

なので，ラプラス変換 (6.21) の原像は

$$x(t) = x_0 e^{-at} + \int_0^t e^{-a(t-\tau)} f(\tau)\, d\tau$$

となるが，これが所望する解であることは容易に確認できる． □

問 6.6 定数変化法により，(6.20) を満たす解を求めよ．

さて，合成積に関する次の公式

$$e^{\alpha t} f(t) * e^{\alpha t} g(t) = e^{\alpha t} \{f(t) * g(t)\} \tag{6.22}$$

が成り立つことに注意しよう．これは

$$e^{\alpha t}f(t) * e^{\alpha t}g(t) = \int_0^t e^{\alpha(t-\tau)}f(t-\tau)e^{\alpha\tau}g(\tau)\,d\tau$$
$$= e^{\alpha t}\int_0^t f(t-\tau)g(\tau)\,d\tau$$

となることから直ちに導かれる．(6.22) において，$f(t) = g(t) \equiv 1$ とすると，(6.9) を用いて

$$e^{\alpha t} * e^{\alpha t} = e^{\alpha t}(1 * 1) = te^{\alpha t}$$

を得る．さらに

$$e^{\alpha t} * e^{\alpha t} * e^{\alpha t} = e^{\alpha t} * \left(e^{\alpha t} * e^{\alpha t}\right)$$
$$= e^{\alpha t} * e^{\alpha t}(1*1) = e^{\alpha t}\{1*(1*1)\} = \frac{t^2}{2!}e^{\alpha t}.$$

以下同様にして，n 個の $e^{\alpha t}$ による合成積について

$$e^{\alpha t} * e^{\alpha t} * \cdots * e^{\alpha t} = \frac{t^{n-1}}{(n-1)!}e^{\alpha t} \quad (6.23)$$

を得る．この左辺のラプラス変換は，(6.5) と (6.17) を用いれば

$$\mathcal{L}[\underbrace{e^{\alpha t} * e^{\alpha t} * \cdots * e^{\alpha t}}_{n\,個}] = \left(\mathcal{L}[e^{\alpha t}]\right)^n = \frac{1}{(s-\alpha)^n} \quad (s > \alpha)$$

であるから，これと (6.23) により

$$\mathcal{L}\left[\frac{t^{n-1}}{(n-1)!}e^{\alpha t}\right] = \frac{1}{(s-\alpha)^n} \quad (s > \alpha) \quad (6.24)$$

を得る．

公式 (6.24) と公式 (6.10) を比較すると，ラプラス変換の原像において $e^{\alpha t}$ をかけることと，(s の関数である) その像を α だけ平行移動することが対応している．次の定理は，こうした対応が，より一般的に成立することを保証している．

定理 6.1 (第一移動定理) $\mathcal{L}[f(t)] = F(s)\ (s>0)$ ならば，$\mathcal{L}[f(t)e^{\alpha t}] = F(s-\alpha)\ (s>\alpha)$ である．

6.4 指数関数のラプラス変換とその応用

この証明は

$$\mathcal{L}[f(t)e^{\alpha t}] = \int_0^\infty f(t)e^{\alpha t}e^{-st}dt = \int_0^\infty f(t)e^{-(s-\alpha)t}dt = F(s-\alpha)$$

であることから直ちにわかる.

○例 **6.3** (6.24) や第一移動定理をふまえて再び,次の常微分方程式の初期値問題

$$\frac{dx}{dt} + 2x = e^{-t}, \quad x(0) = x_0$$

を解いてみよう. これは (6.20) の特殊な場合である. 与式の両辺をラプラス変換すると,(6.13) と (6.24) により, $s>0$ に対して

$$s\mathcal{L}[x] - x(0) + 2\mathcal{L}[x] = \frac{1}{s+1},$$

すなわち

$$(s+2)\mathcal{L}[x] = x_0 + \frac{1}{s+1}$$

となる. したがって

$$\mathcal{L}[x] = \frac{x_0}{s+2} + \frac{1}{(s+1)(s+2)} = \frac{x_0}{s+2} + \frac{1}{s+1} - \frac{1}{s+2} \quad (6.25)$$

を得る. (6.24) から,この原像は

$$x(t) = x_0 e^{-2t} + e^{-t} - e^{-2t}$$

となるが,これが所望する解であることは容易に確認できる. □

○例 **6.4** では,2階の線形常微分方程式についてはどうであろうか. 次の初期値問題

$$\frac{d^2 x}{dt^2} + 2\frac{dx}{dt} + x = 2e^{-t}, \quad x(0) = 2, \ x'(0) = 1$$

を解いてみよう. 与式の両辺をラプラス変換すると,(6.14) と (6.24) により,$s>0$ に対して

$$(s^2 \mathcal{L}[x] - 2s - 1) + 2(s\mathcal{L}[x] - 2) + \mathcal{L}[x] = \frac{2}{s+1},$$

すなわち

$$(s+1)^2 \mathcal{L}[x] = 2s + 5 + \frac{2}{s+1}$$

となる．したがって

$$\mathcal{L}[x] = \frac{2s+5}{(s+1)^2} + \frac{2}{(s+1)^3} = \frac{2}{s+1} + \frac{3}{(s+1)^2} + \frac{2}{(s+1)^3} \quad (6.26)$$

を得る．(6.24) から，この原像は

$$x(t) = 2e^{-t} + 3te^{-t} + 2\frac{t^2}{2!}e^{-t} = (2 + 3t + t^2)e^{-t}$$

となるが，これが所望する解であることは容易にわかる． □

問 6.7 a, b を実定数とするとき，次の常微分方程式の初期値問題

$$\frac{d^2x}{dt^2} + 2a\frac{dx}{dt} + a^2x = be^{-at}, \quad x(0) = 1, \ x'(0) = 1$$

を解け．

6.5 三角関数のラプラス変換とその応用

6.4 節の (6.14) において，$n = 2$, $f(t) = \sin\beta t$ (β は実定数) とおくと，$f''(t) = -\beta^2 \sin\beta t$, $f(0) = 0$, $f'(0) = \beta$ であるから，$s > 0$ に対して

$$\mathcal{L}\left[-\beta^2 \sin\beta t\right] = s^2 \mathcal{L}[\sin\beta t] - \beta,$$

すなわち

$$(s^2 + \beta^2)\mathcal{L}[\sin\beta t] = \beta$$

が成り立つ．また，(6.14) において $n = 2$, $f(t) = \cos\beta t$ (β は実定数) とおくと，$f''(t) = -\beta^2 \cos\beta t$, $f(0) = 1$, $f'(0) = 0$ であるから，$s > 0$ に対して

$$\mathcal{L}\left[-\beta^2 \cos\beta t\right] = s^2 \mathcal{L}[\cos\beta t] - s,$$

すなわち

$$(s^2 + \beta^2)\mathcal{L}[\cos\beta t] = s$$

が成り立つ．したがって

$$\begin{aligned}\mathcal{L}[\sin\beta t] &= \frac{\beta}{s^2 + \beta^2} \quad (s > 0), \\ \mathcal{L}[\cos\beta t] &= \frac{s}{s^2 + \beta^2} \quad (s > 0)\end{aligned} \quad (6.27)$$

を得る．

6.5 三角関数のラプラス変換とその応用

問 6.8 (6.27) をラプラス変換の定義式から直接導け.

○**例 6.5** (6.27) をふまえ，次の常微分方程式の初期値問題
$$\frac{d^2x}{dt^2} + 2x = 0, \quad x(0) = 3, \; x'(0) = -1$$
を解いてみよう．与式の両辺をラプラス変換すると，(6.14) により，$s > 0$ に対して
$$(s^2 \mathcal{L}[x] - 3s + 1) + 2\mathcal{L}[x] = 0,$$
すなわち
$$(s^2 + 2)\mathcal{L}[x] = 3s - 1.$$
したがって
$$\mathcal{L}[x] = \frac{3s}{s^2+2} - \frac{1}{s^2+2} = 3\frac{s}{s^2+(\sqrt{2})^2} - \frac{1}{\sqrt{2}}\frac{\sqrt{2}}{s^2+(\sqrt{2})^2}$$
を得る．(6.27) から，この原像は
$$x(t) = 3\cos\sqrt{2}t - \frac{1}{\sqrt{2}}\sin\sqrt{2}t$$
となるが，これが所望する解であることは容易に確認できる． □

問 6.9 k をバネ定数 $(k > 0)$，m をバネの端にぶら下がるおもりの質量 $(m > 0)$ とするとき，バネの振動を記述する微分方程式の初期値問題
$$m\frac{d^2x}{dt^2} + kx = 0, \quad x(0) = x_0, \; x'(0) = v_0$$
を解け．

さて，第一移動定理を (6.27) に適用すれば
$$\begin{aligned}\mathcal{L}\left[e^{\alpha t}\sin\beta t\right] &= \frac{\beta}{(s-\alpha)^2+\beta^2} \quad (s > \alpha), \\ \mathcal{L}\left[e^{\alpha t}\cos\beta t\right] &= \frac{s-\alpha}{(s-\alpha)^2+\beta^2} \quad (s > \alpha)\end{aligned} \quad (6.28)$$
を得る．これで，分母の次数が 2 次以下で，分子の次数が分母のそれよりも低い分数式 (有理関数) のすべての場合を導くラプラス変換が出揃ったことになる.

○例 **6.6** (6.28) をふまえて，次の常微分方程式の初期値問題
$$\frac{d^2x}{dt^2} + 2\frac{dx}{dt} + 3x = 0, \quad x(0) = 2, \ x'(0) = -4$$
を解いてみよう．与式の両辺をラプラス変換すると，(6.14) により，$s > 0$ に対して
$$(s^2\mathcal{L}[x] - 2s + 4) + 2(s\mathcal{L}[x] - 2) + 3\mathcal{L}[x] = 0,$$
すなわち
$$(s^2 + 2s + 3)\mathcal{L}[x] = 2s.$$
したがって
$$\mathcal{L}[x] = \frac{2s}{s^2 + 2s + 3} = \frac{2(s+1) - 2}{(s+1)^2 + 2}$$
$$= 2\frac{s+1}{(s+1)^2 + (\sqrt{2})^2} - \sqrt{2}\frac{\sqrt{2}}{(s+1)^2 + (\sqrt{2})^2}$$
を得る．(6.28) から，この原像は
$$x(t) = 2e^{-t}\cos\sqrt{2}t - \sqrt{2}e^{-t}\sin\sqrt{2}t$$
$$= e^{-t}\left(2\cos\sqrt{2}t - \sqrt{2}\sin\sqrt{2}t\right)$$
となるが，これが所望する解であることは容易にわかる． □

問 **6.10** a を実定数とするとき，次の常微分方程式の初期値問題
$$\frac{d^2x}{dt^2} + 2a\frac{dx}{dt} + \left(a^2 + 1\right)x = 0, \quad x(0) = x_0, \ x'(0) = v_0$$
を解け．

ではここで，三角関数のラプラス変換 (6.27) を利用して
$$\frac{1}{(s^2 + \beta^2)^2} \quad や \quad \frac{s}{(s^2 + \beta^2)^2}$$
の原像を求めてみよう．ここで $\beta \neq 0$ としておく．(6.27) と (6.5) から
$$\mathcal{L}\left[\sin\beta t * \sin\beta t\right] = (\mathcal{L}\left[\sin\beta t\right])^2 = \frac{\beta^2}{(s^2 + \beta^2)^2} \quad (s > 0)$$
が成り立つ．

6.5 三角関数のラプラス変換とその応用

$$\sin\beta t * \sin\beta t = \int_0^t \sin\beta(t-\tau)\sin\beta\tau\,d\tau$$

$$= \frac{1}{2}\int_0^t \{\cos\beta(t-2\tau) - \cos\beta t\}\,d\tau$$

$$= \frac{1}{2}\left[\frac{\sin\beta(t-2\tau)}{-2\beta} - \tau\cos\beta t\right]_0^t$$

$$= \frac{1}{2}\left(\frac{1}{\beta}\sin\beta t - t\cos\beta t\right)$$

となるから,

$$\mathcal{L}\left[\frac{1}{2}\left(\frac{1}{\beta}\sin\beta t - t\cos\beta t\right)\right] = \frac{\beta^2}{(s^2+\beta^2)^2} \quad (s>0)$$

を得る.また,(6.13) において

$$f(t) = \frac{1}{2}\left(\frac{1}{\beta}\sin\beta t - t\cos\beta t\right)$$

とすれば,

$$f'(t) = \frac{1}{2}(\cos\beta t - \cos\beta t + t\beta\sin\beta t) = \frac{\beta t}{2}\sin\beta t$$

かつ $f(0)=0$ であるから,$s>0$ に対して

$$\mathcal{L}\left[\frac{\beta t}{2}\sin\beta t\right] = s\mathcal{L}\left[\frac{1}{2}\left(\frac{1}{\beta}\sin\beta t - t\cos\beta t\right)\right] = s\frac{\beta^2}{(s^2+\beta^2)^2}$$

が成り立つ.以上より

$$\begin{aligned}\mathcal{L}\left[\frac{1}{2\beta^2}\left(\frac{1}{\beta}\sin\beta t - t\cos\beta t\right)\right] &= \frac{1}{(s^2+\beta^2)^2} \quad (s>0),\\ \mathcal{L}\left[\frac{t}{2\beta}\sin\beta t\right] &= \frac{s}{(s^2+\beta^2)^2} \quad (s>0)\end{aligned} \tag{6.29}$$

を得る.

○例 **6.7** (6.29) をふまえて,外力 ($F\sin\omega t$) をともなうバネの振動についての初期値問題

$$m\frac{d^2x}{dt^2} + kx = F\sin\omega t, \quad x(0)=0,\ x'(0)=0$$

を解いてみよう.

とおき,
$$\beta^2 = \frac{k}{m}, \quad K = \frac{F}{m}$$

$$\frac{d^2x}{dt^2} + \beta^2 x = K\sin\omega t$$

を考えればよい．与式の両辺をラプラス変換すると，(6.14) と (6.27) により，$s > 0$ に対して

$$s^2 \mathcal{L}[x] + \beta^2 \mathcal{L}[x] = K\frac{\omega}{s^2 + \omega^2},$$

すなわち

$$\mathcal{L}[x] = \frac{K\omega}{(s^2 + \beta^2)(s^2 + \omega^2)} \tag{6.30}$$

となる．

(i) $\omega \neq \beta$ のとき．(6.30) は

$$\mathcal{L}[x] = \frac{K\omega}{\omega^2 - \beta^2}\left(\frac{1}{s^2 + \beta^2} - \frac{1}{s^2 + \omega^2}\right)$$

と展開される．(6.27) から，この原像は

$$x(t) = \frac{K\omega}{\omega^2 - \beta^2}\left(\frac{1}{\beta}\sin\beta t - \frac{1}{\omega}\sin\omega t\right)$$

となるが，これが所望する解であることは容易に確認できる（この段階では，まだ (6.27) の応用にすぎない）．

(ii) $\omega = \beta$ のとき，(6.30) は

$$\mathcal{L}[x] = \frac{K\beta}{(s^2 + \beta^2)^2}$$

となる．(6.29) から，この原像は

$$x(t) = \frac{K}{2\beta^2}(\sin\beta t - \beta t \cos\beta t)$$

と求められ，所望する解となっていることが確認できる．この右辺の第 2 項のため，$t \to \infty$ のとき $|x(t)| \to \infty$ となることがわかる．これは，何らかの影響で，外力の振動数が系の固有振動数 β と等しくなったときに起こる「共振現象」を意味し，建造物の場合などでは破壊が起こる[2]． □

[2) マンチェスターであったブロートン吊り橋の崩壊事故 (1831 年) や，ワシントン州であったタコマ橋の崩壊事故 (1940 年) はこの共振現象が原因という説もある．

6.6 定数係数線形常微分方程式の "解き方"

なお，(6.29) に第一移動定理を適用すれば，

$$\mathcal{L}\left[\frac{e^{\alpha t}}{2\beta^2}\left(\frac{1}{\beta}\sin\beta t - t\cos\beta t\right)\right] = \frac{1}{\{(s-\alpha)^2+\beta^2\}^2} \quad (s>\alpha),$$
$$\mathcal{L}\left[e^{\alpha t}\frac{t}{2\beta}\sin\beta t\right] = \frac{s-\alpha}{\{(s-\alpha)^2+\beta^2\}^2} \quad (s>\alpha) \tag{6.31}$$

が成り立つことがわかる．

問 6.11 次の常微分方程式の初期値問題

$$\frac{d^2x}{dt^2} + 4\frac{dx}{dt} + 5x = -e^{-2t}\sin t, \quad x(0)=0, \quad x'(0)=\frac{1}{2}$$

を解け．

6.6 定数係数線形常微分方程式の "解き方"

ラプラス変換を用いた応用例として，具体的な微分方程式をいくつか解いてきたが，このあたりで，一般の 2 階の定数係数線形常微分方程式の解き方をまとめておこう．a, b を実定数，$f(t)$ を連続関数とするとき，初期値問題

$$\begin{cases} \dfrac{d^2x}{dt^2} + a\dfrac{dx}{dt} + bx = f(t), \\ x(0)=\xi_1, \ x'(0)=\xi_2 \end{cases} \tag{6.32}$$

は，次のように解けばよい．(6.32) の微分方程式の両辺をラプラス変換すると，(6.14) により，$s>0$ に対して

$$\left(s^2\mathcal{L}[x] - \xi_1 s - \xi_2\right) + a\left(s\mathcal{L}[x] - \xi_1\right) + b\mathcal{L}[x] = \mathcal{L}[f],$$

すなわち

$$\left(s^2 + as + b\right)\mathcal{L}[x] = \xi_1 s + \xi_2 + a\xi_1 + \mathcal{L}[f]$$

となる．これが $\mathcal{L}[x]$ について解けるとき

$$\mathcal{L}[x] = \frac{\xi_1 s + \xi_2 + ax_0}{s^2 + as + b} + \frac{\mathcal{L}[f]}{s^2 + as + b} \tag{6.33}$$

を得るが，

$$g(s) = s^2 + as + b$$

とおいて，以下の 3 つの場合に分けて考える．

(i) $g(s)$ が異なる 2 実根 α, β をもつとき，(6.33) を部分分数分解すると

$$\mathcal{L}[x] = \frac{\xi_1 s + \xi_2 + a\xi_1}{(s-\alpha)(s-\beta)} + \frac{\mathcal{L}[f]}{(s-\alpha)(s-\beta)}$$

$$= \frac{1}{\alpha-\beta}\left\{\frac{(a+\alpha)\xi_1+\xi_2}{s-\alpha} - \frac{(a+\beta)\xi_1+\xi_2}{s-\beta} + \left(\frac{1}{s-\alpha}-\frac{1}{s-\beta}\right)\mathcal{L}[f]\right\}$$

$$= \frac{1}{\alpha-\beta}\left\{\frac{\xi_2-\beta\xi_1}{s-\alpha} - \frac{\xi_2-\alpha\xi_1}{s-\beta} + \left(\frac{1}{s-\alpha}-\frac{1}{s-\beta}\right)\mathcal{L}[f]\right\}$$

が成り立つ．(6.5) と (6.17) から，この原像は

$$x(t) = \frac{\xi_2-\beta\xi_1}{\alpha-\beta}e^{\alpha t} - \frac{\xi_2-\alpha\xi_1}{\alpha-\beta}e^{\beta t} + \int_0^t \left\{e^{\alpha(t-\tau)} - e^{\beta(t-\tau)}\right\}f(\tau)\,d\tau$$

となるが，これが初期値問題 (6.32) の解であることは容易に確認できる．

(ii) $g(s)$ が重根 α をもつとき，(6.33) を部分分数分解すると

$$\mathcal{L}[x] = \frac{\xi_1 s + \xi_2 + a\xi_1}{(s-\alpha)^2} + \frac{\mathcal{L}[f]}{(s-\alpha)^2}$$

$$= \frac{\xi_2+(a+\alpha)\xi_1}{(s-\alpha)^2} + \frac{\xi_1}{s-\alpha} + \frac{\mathcal{L}[f]}{(s-\alpha)^2}$$

$$= \frac{\xi_2-\alpha\xi_1}{(s-\alpha)^2} + \frac{\xi_1}{s-\alpha} + \frac{1}{(s-\alpha)^2}\mathcal{L}[f]$$

が成り立つ．(6.5), (6.17) および (6.24) から，この原像は

$$x(t) = (\xi_2-\alpha\xi_1)te^{\alpha t} + \xi_1 e^{\alpha t} + \int_0^t (t-\tau)e^{\alpha(t-\tau)}f(\tau)\,d\tau$$

となるが，これが初期値問題 (6.32) の解であることは容易に確認できる．

(iii) $g(s)$ が複素根 $\alpha \pm i\beta$ $(\beta \neq 0)$ をもつとき，解と係数の関係から

$$g(s) = s^2 - 2\alpha s + \alpha^2 + \beta^2 = (s-\alpha)^2 + \beta^2$$

が成り立ち，(6.33) は

$$\mathcal{L}[x] = \frac{\xi_1 s + \xi_2 + a\xi_1}{(s-\alpha)^2 + \beta^2} + \frac{\mathcal{L}[f]}{(s-\alpha)^2 + \beta^2}$$

$$= \frac{\xi_1(s-\alpha) + \xi_2 - \alpha\xi_1}{(s-\alpha)^2 + \beta^2} + \frac{1}{\beta}\frac{\beta}{(s-\alpha)^2+\beta^2}\mathcal{L}[f]$$

となる．(6.5) と (6.28) から，この原像は

6.6 定数係数線形常微分方程式の"解き方"

$$x(t) = \xi_1 e^{\alpha t}\cos\beta t + \frac{\xi_2 - \alpha\xi_1}{\beta}e^{\alpha t}\sin\beta t + \frac{1}{\beta}\int_0^t e^{\alpha(t-\tau)}\sin\beta(t-\tau)f(\tau)\,d\tau$$

となるが,これが初期値問題 (6.32) の解であることは容易に確認できる.

以上の議論から,初期値問題 (6.32) は,関数 $g(s)$ の根の分類のみによって完全に解かれることがわかる.特に,(6.32) において $f(t) \equiv 0$ のとき,この $g(s)$ を**特性多項式**という (3 章を参照せよ).

初期値問題 (6.32) の解法を要約すると,まず,解 $x(t)$ が存在すると仮定して $X(s) = \mathcal{L}[x]$ を計算し (作業 1),次に,求めた $X(s)$ の原像,すなわち $X(s) = \mathcal{L}[\tilde{x}(t)]$ なる $\tilde{x}(t)$ を,ラプラス変換の性質 (6.5) を用いて公式 (6.17),(6.24), (6.28) から探り当て (作業 2),最後に,これが所望する解,すなわち $x(t) = \tilde{x}(t)$ であることを確認する (作業 3),といった手順となる[3)].

3 階以上の定数係数線形常微分方程式の初期値問題に対しても,2 階の定数係数線形常微分方程式のそれと同様な手順をふめばよい.例えば,$a_i\ (i = 1, 2, 3)$ を実定数,$f(t)$ を連続関数とするとき,初期値問題

$$\begin{cases} \dfrac{d^3x}{dt^3} + a_1\dfrac{d^2x}{dt^2} + a_2\dfrac{dx}{dt} + a_3x = f(t), \\ x(0) = \xi_1,\ x'(0) = \xi_2,\ x''(0) = \xi_3 \end{cases} \quad (6.34)$$

を解く際にも,まず,解 $x(t)$ が存在すると仮定して $X(s) = \mathcal{L}[x]$ を計算する.(6.34) の微分方程式の両辺をラプラス変換すれば,(6.14) により,$s > 0$ に対して

$$\left(s^3\mathcal{L}[x] - \xi_1 s^2 - \xi_2 s - \xi_3\right) + a_1\left(s^2\mathcal{L}[x] - \xi_1 s - \xi_2\right)$$
$$+ a_2(s\mathcal{L}[x] - \xi_1) + a_3\mathcal{L}[x] = \mathcal{L}[f],$$

すなわち

$$\left(s^3 + a_1 s^2 + a_2 s + a_3\right)\mathcal{L}[x]$$
$$= \xi_1 s^2 + (\xi_2 + a_1\xi_1)s + \xi_3 + a_1\xi_2 + a_2\xi_1 + \mathcal{L}[f]$$

---

3) 最後の作業 3 は,ラプラス変換の定義上,作業 2 の段階で得られた $\tilde{x}(t)$ が直ちに所望する解だと帰結できない"不安"によるものであるが,じつは,この"不安"は取り除かれる.すなわち,作業 2 において,公式 (6.17), (6.24), (6.28) の各原像から導かれた $X(s)$ の原像は,直ちに (作業 3 をせずに!) 所望する解となるのである.これについての証明は,(6.32) を含むより高階の定数係数線形常微分方程式を取り扱った 6.8 節の議論を,$n = 2$ として読み解けばよい.

となり，これが $\mathcal{L}[x]$ について解けるとき

$$\mathcal{L}[x] = \frac{\xi_1 s^2 + (\xi_2 + a_1\xi_1)s + \xi_3 + a_1\xi_2 + a_2\xi_1}{s^3 + a_1 s^2 + a_2 s + a_3}$$
$$+ \frac{1}{s^3 + a_1 s^2 + a_2 s + a_3}\mathcal{L}[f] \qquad (6.35)$$

を得る．そして，この原像を求められれば，それが直ちに所望する解となるのである[4]．

(6.35) の原像を求めるには，2 階の定数係数線形常微分方程式の場合と同様，(6.35) の右辺を部分分数分解し，それによって得られる各項を像とするラプラス変換を探り当てることになる．その際，「分母の次数が3次で，分子の次数が分母のそれよりも低い分数式 (有理関数) が現れて，それらすべての場合にかかるラプラス変換の諸公式を新たにつくらなければならない」と "憂慮" しそうだが，次の定理により，これまでに導出した公式で用が足りる．

定理 6.2 (部分分数分解定理)

$$f(s) = s^n + a_1 s^{n-1} + \cdots + a_{n-1} s + a_n$$

とし，$R(s)$ を，$f(s)$ を分母にもち，分子の次数が $f(s)$ の次数より低い分数式 (有理関数) とする．$f(s)$ は実数の範囲で必ず既約な 1 次式と 2 次式との積に因数分解できるから，それを

$$f(s) = \prod_{i=1}^{\mu}(s - \gamma_i)^{l_i} \prod_{j=1}^{\nu}(s^2 + p_j s + q_j)^{m_j}, \qquad \sum_{i=1}^{\mu} l_i + 2\sum_{j=1}^{\nu} m_j = n$$

とすれば，$R(s)$ は

$$R(s) = \sum_{i=1}^{\mu}\left\{\frac{A_{i1}}{s - \gamma_i} + \frac{A_{i2}}{(s - \gamma_i)^2} + \cdots + \frac{A_{il_i}}{(s - \gamma_i)^{l_i}}\right\}$$
$$+ \sum_{j=1}^{\nu}\left\{\frac{B_{j1}s + C_{j1}}{s^2 + p_j s + q_j} + \frac{B_{j2}s + C_{j2}}{(s^2 + p_j s + q_j)^2} + \cdots\right.$$
$$\left.+ \frac{B_{jm_j}s + C_{jm_j}}{(s^2 + p_j s + q_j)^{m_j}}\right\}$$

と一意に展開できる．ただし，$A_{i1}, \cdots, A_{il_i}$ $(i = 1, 2, \cdots, \nu)$，$B_{j1}, \cdots,$

---

[4] これについての証明は，6.8 節の議論を $n = 3$ として読み解いてほしい．

6.6 定数係数線形常微分方程式の"解き方"

B_{jm_j} $(j = 1, 2, \cdots, \nu)$, $C_{j1}, \cdots, C_{jm_j}$ $(j = 1, 2, \cdots, \nu)$ は実定数であり，p_j, q_j は $p_j^2 - 4q_j < 0$ $(j = 1, 2, \cdots, \nu)$ を満たす．

この定理により，(6.35) の右辺の分数式 (有理関数) は

$$\frac{1}{(s-\alpha)^l}, \quad \frac{1}{(s-\alpha)^2 + \beta^2} \tag{6.36}$$

のような項の 1 次結合に展開され，これらの原像を求めるには，(6.24) や (6.28) を適用すればよいからである[5]．

4 階以上の定数係数線形常微分方程式の初期値問題はどうであろうか．n を 4 以上の自然数，a_i $(i = 1, 2, \cdots, n)$ を実定数，$f(t)$ を連続関数とするとき，初期値問題

$$\begin{cases} \dfrac{d^n x}{dt^n} + a_1 \dfrac{d^{n-1} x}{dt^{n-1}} + \cdots + a_{n-1} \dfrac{dx}{dt} + a_n x = f(t), \\ x(0) = \xi_1, \ x'(0) = \xi_2, \ \cdots, \ x^{(n-1)}(0) = \xi_n \end{cases} \tag{6.37}$$

は，3 階以下の定数係数線形常微分方程式の場合と同様，次のような手順をふむ．(6.37) の微分方程式の両辺をラプラス変換すれば，(6.14) により，$s > 0$ に対して

$$\left(s^n \mathcal{L}[x] - \xi_1 s^{n-1} - \xi_2 s^{n-2} - \cdots - \xi_n\right) \\ + a_1 \left(s^{n-1} \mathcal{L}[x] - \xi_1 s^{n-2} - \cdots - \xi_{n-1}\right) + \cdots + a_n \mathcal{L}[x] = \mathcal{L}[f],$$

すなわち

$$\left(s^n + a_1 s^{n-1} + \cdots + a_n\right) \mathcal{L}[x] = b_1 s^{n-1} + b_2 s^{n-2} + \cdots + b_n + \mathcal{L}[f] \tag{6.38}$$

となる．ここで，b_i $(i = 1, 2, \cdots, n)$ は

$$\begin{pmatrix} b_1 \\ b_2 \\ \vdots \\ b_n \end{pmatrix} = \begin{pmatrix} 1 & & & 0 \\ a_1 & \ddots & & \\ \vdots & \ddots & \ddots & \\ a_{n-1} & \cdots & a_1 & 1 \end{pmatrix} \begin{pmatrix} \xi_1 \\ \xi_2 \\ \vdots \\ \xi_n \end{pmatrix}$$

---

[5] なお，部分分数分解定理の証明は，例えば「微分積分学」吉田洋一 著 (培風館, 1967) を参照するとよい．

である．(6.38) が $\mathcal{L}[x]$ について解けるとき

$$\mathcal{L}[x] = \frac{b_1 s^{n-1} + b_2 s^{n-2} + \cdots + b_n}{s^n + a_1 s^{n-1} + \cdots + a_n} + \frac{1}{s^n + a_1 s^{n-1} + \cdots + a_n} \mathcal{L}[f] \tag{6.39}$$

を得る．そして，この原像を求められれば，それが直ちに所望する解となるのだが (これについての証明は 6.8 節で行う)，3 階以下の定数係数線形常微分方程式の場合とは違って，部分分数分解定理から (6.39) の右辺の分数式 (有理関数) が，(6.36) のタイプに加え

$$\frac{1}{\{(s-\alpha)^2 + \beta^2\}^m}, \quad \frac{s-\alpha}{\{(s-\alpha)^2 + \beta^2\}^m} \tag{6.40}$$

のような項の 1 次結合で表されることになり，(6.40) の $m \geq 3$ の場合の原像については，これまでに導出したラプラス変換の公式の射程に入らない．したがって，n 階の定数係数線形常微分方程式の初期値問題 (6.37) を解くには，(6.40) のタイプの $m \geq 3$ の場合にかかるラプラス変換の諸公式を新たにつくる必要がある．

6.7　有理関数の原像の求め方

(6.39) に現れる分数式 (有理関数)

$$\frac{b_1 s^{n-1} + b_2 s^{n-2} + \cdots + b_n}{s^n + a_1 s^{n-1} + \cdots + a_n}$$

や

$$\frac{1}{s^n + a_1 s^{n-1} + \cdots + a_n}$$

は，部分分数分解定理により

$$\frac{A}{(s-\gamma)^l}, \quad \frac{Bs + C}{(s^2 + ps + q)^m}$$

という項の和で表され，さらに

$$\frac{Bs + C}{(s^2 + ps + q)^m} = \frac{B(s-\bar{p}) + C'}{\{(s-\bar{p})^2 + \bar{q}^2\}^m}$$

と変形できるから，結局，(6.39) に現れる分数式 (有理関数) は

6.7 有理関数の原像の求め方

$$\frac{1}{(s-\alpha)^l}, \quad \frac{1}{\{(s-\alpha)^2+\beta^2\}^m}, \quad \frac{s-\alpha}{\{(s-\alpha)^2+\beta^2\}^m}$$

のような項の1次結合で表されるということを前節で述べた．これらのうち

$$\frac{1}{(s-\alpha)^l}, \quad \text{および} \quad \frac{1}{\{(s-\alpha)^2+\beta^2\}^m}, \quad \frac{s-\alpha}{\{(s-\alpha)^2+\beta^2\}^m} \quad (m \leq 2)$$

の原像を求めるのは，これまでに導いたラプラス変換の諸公式で足りるが，

$$\frac{1}{\{(s-\alpha)^2+\beta^2\}^m}, \quad \frac{s-\alpha}{\{(s-\alpha)^2+\beta^2\}^m} \quad (m \geq 3) \qquad (6.41)$$

の原像を得るためには，新たな諸公式をつくらなければならないということであった．

ところで，第一移動定理により，(6.41) の原像を求めるには

$$\frac{1}{(s^2+\beta^2)^m}, \quad \frac{s}{(s^2+\beta^2)^m} \quad (m \geq 3)$$

の原像が計算できればよい．もっともこれらの原像は，(6.27) と (6.5) に注意すれば，形式的には

$$\mathcal{L}\left[\underbrace{\frac{1}{\beta}\sin\beta t * \cdots * \frac{1}{\beta}\sin\beta t}_{m\text{ 個}}\right] = \frac{1}{(s^2+\beta^2)^m} \quad (s>0), \qquad (6.42)$$

および

$$\mathcal{L}\left[\underbrace{\frac{1}{\beta}\sin\beta t * \cdots * \frac{1}{\beta}\sin\beta t}_{m\text{ 個}} * \cos\beta t\right] = \frac{s}{(s^2+\beta^2)^m} \quad (s>0) \qquad (6.43)$$

と求められるのであるが，合成積をそのまま計算するのはやっかいである．その簡単な計算法をみつけることが本節の目的である．

そのために，まず，合成積に関する公式

$$\frac{d(g*f)}{dt} = \frac{dg}{dt} * f + g(0)f(t) \qquad (6.44)$$

を証明しておく．

$$g*f = \int_0^t g(t-\tau)f(\tau)\,d\tau$$

$$= \int_0^t \left\{\int_\tau^t g'(u-\tau)\,du + g(0)\right\}f(\tau)\,d\tau$$

$$= \int_0^t \left\{ \int_\tau^t g'(u-\tau)\,du \right\} f(\tau)\,d\tau + g(0) \int_0^t f(\tau)\,d\tau$$

において,右辺の第1項は,積分範囲が三角領域

$$0 \leq \tau \leq u \leq t$$

であることに注意して積分順序を交換すれば

$$\int_0^t \left\{ \int_\tau^t g'(u-\tau)\,du \right\} f(\tau)\,d\tau = \int_0^t \left\{ \int_0^u g'(u-\tau) f(\tau)\,d\tau \right\} du$$

となるから,

$$g * f = \int_0^t g'(u) * f(u)\,du + g(0) \int_0^t f(\tau)\,d\tau$$

が成り立つ.この両辺を t で微分すれば (6.44) を得る.

n 個の $\dfrac{1}{\beta}\sin\beta t$ による合成積を

$$f_n(t) = \frac{1}{\beta}\sin\beta t * \cdots * \frac{1}{\beta}\sin\beta t$$

とおく. (6.44) により,

$$\frac{df_n(t)}{dt} = \underbrace{\frac{1}{\beta}\sin\beta t * \cdots * \frac{1}{\beta}\sin\beta t}_{(n-1)\text{ 個}} * \cos\beta t \tag{6.45}$$

となるから, (6.42) と (6.43) は,それぞれ

$$\mathcal{L}[f_n(t)] = \frac{1}{(s^2+\beta^2)^m} \quad (s>0),$$

$$\mathcal{L}\left[\frac{df_n(t)}{dt}\right] = \frac{s}{(s^2+\beta^2)^m} \quad (s>0)$$

と書き換えられ,

$$\frac{1}{(s^2+\beta^2)^m}$$

の原像 $f_n(t)$ の導関数 $\dfrac{df_n(t)}{dt}$ は

$$\frac{s}{(s^2+\beta^2)^m}$$

6.7 有理関数の原像の求め方

の原像となることを意味する．$f_n(t)$ を求める簡単な計算法さえみつければ，本節の目的は達成されるということである．

後で必要となる公式をもう一つ導いておこう．(6.45) は

$$\frac{df_n(t)}{dt} = f_{n-1}(t) * \cos\beta t$$

と表されるが，この両辺を微分すると，(6.44) から

$$\frac{d^2 f_n(t)}{dt^2} = f_{n-1}(t) * (-\beta \sin\beta t) + f_{n-1}(t) = -\beta^2 f_n(t) + f_{n-1}(t)$$

を得る．特に $n = 1$ のときは，

$$\frac{d^2 f_1(t)}{dt^2} = \frac{d^2}{dt^2}\left(\frac{1}{\beta}\sin\beta t\right) = \frac{d}{dt}(\cos\beta t) = -\beta\sin\beta t = -\beta^2 f_1(t)$$

となる．したがって，$f_n(t)$ $(n = 1, 2, \cdots)$ は

$$\begin{aligned}\frac{d^2 f_n}{dt^2} + \beta^2 f_n &= f_{n-1} \qquad (n = 2, 3, \cdots), \\ \frac{d^2 f_1}{dt^2} + \beta^2 f_1 &= 0\end{aligned} \tag{6.46}$$

を満たす．

さて，合成積の微分の公式 (6.44) は，通常の積の微分

$$\frac{d(f \cdot g)}{dt} = \frac{df}{dt} \cdot g + f \cdot \frac{dg}{dt}$$

のような構造になっていない．じつは，次の公式が示すように，合成積においてこれと同様な構造をもつのは，単に「t をかける」という演算である．

$$t(f * g) = (tf) * g + f * (tg) \tag{6.47}$$

この証明は

$$\begin{aligned} t\int_0^t f(t-\tau)g(\tau)\,d\tau &= \int_0^t (t - \tau + \tau)f(t-\tau)g(\tau)\,d\tau \\ &= \int_0^t (t-\tau)f(t-\tau)g(\tau)\,d\tau + \int_0^t f(t-\tau)\tau g(\tau)\,d\tau\end{aligned}$$

となることから明らかである．(6.47) において，$f = g$ とすれば

$$t(f * f) = (tf) * f + f * (tf) = 2f * (tf)$$

を得る．さらに

$$t(f*f*f) = (tf)*(f*f) + f*\{t(f*f)\}$$
$$= (f*f)*(tf) + f*\{2f*(tf)\} = 3f*f*(tf).$$

以下同様にして,

$$\underbrace{f*\cdots*f}_{n\,\text{個}} = (*f)^n$$

と表せば, これについて, 帰納的に

$$t(*f)^n = n(*f)^{n-1}*(tf) \tag{6.48}$$

を得る.

問 6.12 (6.48) を証明せよ.

ここで

$$f_n(t) = \left(*\frac{1}{\beta}\sin\beta t\right)^n$$

であるから, これに公式 (6.48) を適用すると

$$tf_n(t) = nf_{n-1}(t)*\frac{t}{\beta}\sin\beta t \tag{6.49}$$

が成り立つ. (6.45) は,

$$\frac{1}{\beta}\sin\beta t * \cos\beta t = \frac{t}{2\beta}\sin\beta t$$

に注意すると

$$\frac{df_n(t)}{dt} = f_{n-2}*\frac{t}{2\beta}\sin\beta t$$

と表される. ところで, (6.49) において, n を $n-1$ とすれば

$$tf_{n-1}(t) = (n-1)f_{n-2}(t)*\frac{t}{\beta}\sin\beta t$$

より

$$f_{n-2}(t)*\frac{t}{\beta}\sin\beta t = \frac{t}{n-1}f_{n-1}(t)$$

であるから,

6.7 有理関数の原像の求め方

$$\frac{df_n(t)}{dt} = \frac{t}{2(n-1)}f_{n-1}(t) \quad (n=2,3,\cdots) \tag{6.50}$$

が成り立つ．これを両辺 0 から t まで積分すれば，$f_n(0)=0$ より

$$f_n(t) = \frac{1}{2(n-1)} \int_0^t s f_{n-1}(s)\,ds \quad (n=2,3,\cdots)$$

を得る．これは

$$f_1(t) = \frac{1}{\beta}\sin\beta t$$

から"芋づる式"に合成積 $f_n(t)$ が求められることを示し，$f_n(t)$ をそのまま計算するよりいくぶん簡単な計算法であるが，逐次，「s 倍して積分」という操作がわずらわしい．n が大きくなれば，その難度が増すことは容易に想像できるだろう．

じつは，(6.50) の両辺の微分と (6.46) により，$f_n(t)$ のもっと簡単な計算法を見いだせる．(6.50) により

$$\frac{df_{n+1}(t)}{dt} = \frac{t}{2n}f_n(t)$$

であるから，この両辺を微分すると

$$\begin{aligned}\frac{d^2 f_{n+1}(t)}{dt^2} &= \frac{1}{2n}f_n(t) + \frac{t}{2n}\frac{df_n(t)}{dt} \\ &= \frac{1}{2n}f_n(t) + \frac{t^2}{4n(n-1)}f_{n-1}(t)\end{aligned}$$

となる．一方，(6.46) により

$$\frac{d^2 f_{n+1}(t)}{dt^2} = -\beta^2 f_{n+1}(t) + f_n(t).$$

したがって，

$$\frac{1}{2n}f_n(t) + \frac{t^2}{4n(n-1)}f_{n-1}(t) = -\beta^2 f_{n+1}(t) + f_n(t)$$

が恒等的に成り立つ．これを $f_{n+1}(t)$ について解けば

$$f_{n+1}(t) = \frac{1}{2\beta^2}\left\{\frac{2n-1}{n}f_n(t) - \frac{t^2}{2n(n-1)}f_{n-1}(t)\right\} \quad (n=2,3,\cdots) \tag{6.51}$$

を得る．これが所望していた計算法である．

(6.51) において $n=1$ のときは, (6.50) と (6.46) の $n=2$ の場合を考えればよい. すなわち

$$\frac{d^2 f_2(t)}{dt^2} = \frac{d}{dt}\left(\frac{t}{2}f_1(t)\right) = \frac{1}{2}f_1(t) + \frac{t}{2}\frac{df_1(t)}{dt}$$
$$= \frac{1}{2}f_1(t) + \frac{t}{2}\cos\beta t$$

と

$$\frac{d^2 f_2(t)}{dt^2} = -\beta^2 f_2(t) + f_1(t)$$

から

$$\frac{1}{2}f_1(t) + \frac{t}{2}\cos\beta t = -\beta^2 f_2(t) + f_1(t)$$

が成り立つので, これを $f_2(t)$ について解けば

$$f_2(t) = \frac{1}{2\beta^2}\left(f_1(t) - t\cos\beta t\right) \tag{6.52}$$

を得る. これは, $\dfrac{1}{(s^2+\beta^2)^2}$ の原像と一致している ((6.29) を参照).

問 6.13 (6.51), (6.52) を用いて $f_3(t), f_4(t)$ を計算せよ.

6.8 ラプラス変換による解法の吟味

n 階の定数係数線形常微分方程式の初期値問題

$$\begin{cases} \dfrac{d^n x}{dt^n} + a_1 \dfrac{d^{n-1} x}{dt^{n-1}} + \cdots + a_{n-1}\dfrac{dx}{dt} + a_n x = f(t), \\ x(0) = \xi_1, \ x'(0) = \xi_2, \ \cdots, \ x^{(n-1)}(0) = \xi_n \end{cases} \tag{6.53}$$

に対し, ラプラス変換による解法をていねいに述べると以下のようになる. ここで, $a_i \ (i=1,2,\cdots,n)$ は実定数, $f(t)$ は連続関数とする.

(作業 1) 解 $x(t)$ が存在すると仮定して, $X(s) = \mathcal{L}[x(t)]$ を計算する.

(6.53) の解を $x(t)$ とすると, $x(t)$ は

$$x^{(n)}(t) + a_1 x^{(n-1)}(t) + \cdots + a_{n-1} x'(t) + a_n x(t) = f(t)$$

を満たす. この両辺ををラプラス変換すれば, (6.14) から, $s>0$ に対して

6.8 ラプラス変換による解法の吟味

$$\left(s^n \mathcal{L}[x(t)] - \xi_1 s^{n-1} - \xi_2 s^{n-2} - \cdots - \xi_n\right)$$
$$+ a_1\left(s^{n-1}\mathcal{L}[x(t)] - \xi_1 s^{n-2} - \cdots - \xi_{n-1}\right) + \cdots + a_n \mathcal{L}[x(t)] = \mathcal{L}[f(t)]$$

を得る. $b_i\ (i=1,2,\cdots,n)$ を

$$\begin{pmatrix} b_1 \\ b_2 \\ \vdots \\ b_n \end{pmatrix} = \begin{pmatrix} 1 & & & 0 \\ a_1 & \ddots & & \\ \vdots & \ddots & \ddots & \\ a_{n-1} & \cdots & a_1 & 1 \end{pmatrix} \begin{pmatrix} \xi_1 \\ \xi_2 \\ \vdots \\ \xi_n \end{pmatrix}$$

と定めれば,

$$\left(s^n + a_1 s^{n-1} + \cdots + a_n\right)\mathcal{L}[x(t)] = b_1 s^{n-1} + b_2 s^{n-2} + \cdots + b_n + \mathcal{L}[f(t)]$$

が成り立ち, これが $\mathcal{L}[x(t)]$ について解けるとき

$$\mathcal{L}[x(t)] = X(s)$$
$$= \frac{b_1 s^{n-1} + b_2 s^{n-2} + \cdots + b_n}{s^n + a_1 s^{n-1} + \cdots + a_n} + \frac{1}{s^n + a_1 s^{n-1} + \cdots + a_n}\mathcal{L}[f(t)]$$
(6.54)

を得る.

(**作業 2**) 求まった $X(s)$ に対して, $X(s) = \mathcal{L}[\widetilde{x}(t)]$ となる $\widetilde{x}(t)$ をみつける.

前節までの議論により, (6.54) に現れる分数式 (有理関数)

$$\frac{b_1 s^{n-1} + b_2 s^{n-2} + \cdots + b_n}{s^n + a_1 s^{n-1} + \cdots + a_n} \quad \text{と} \quad \frac{1}{s^n + a_1 s^{n-1} + \cdots + a_n}$$

の原像を求めることができる. これらをそれぞれ $\phi(t)$, $g(t)$, すなわち

$$\mathcal{L}[\phi(t)] = \frac{b_1 s^{n-1} + b_2 s^{n-2} + \cdots + b_n}{s^n + a_1 s^{n-1} + \cdots + a_n},$$
$$\mathcal{L}[g(t)] = \frac{1}{s^n + a_1 s^{n-1} + \cdots + a_n}$$

とすると,

$$\widetilde{x}(t) = \phi(t) + g(t) * f(t) \qquad (6.55)$$

は, $X(s) = \mathcal{L}[\widetilde{x}(t)]$ を満たす.

(**結論**) $\widetilde{x}(t)$ が (**6.53**) の解である.

以上の推論は正しいであろうか．作業 2 で得られた $\widetilde{x}(t)$ が，なぜ直ちに (6.53) の解になるのか，という疑問を抱かざるをえないであろう．

本節では，この問題に解決を与える．

6.8.1　諸準備

表記法を簡略化して本題を論じるために，微分演算子を再登場させよう．以下の議論の一部は第 3 章の復習である．$\dfrac{d}{dt}$ を D と略記し，

$$Dx = \frac{dx}{dt}$$

と定め，順次,

$$D^2 x = D(Dx),$$
$$D^3 x = D(D^2 x),$$
$$\vdots$$

と定義していけば，

$$D^{m+n} x = D^m(D^n x) = D^n(D^m x)$$

が成立するのは明らかであろう．

$$D^k x = \frac{d^k x}{dt^k} \qquad (k = 2, \cdots, n)$$

となるので，(6.53) の微分方程式は

$$D^n x + a_1 D^{n-1} x + \cdots + a_n x = f(t)$$

と書くことができる．さらに

$$(D^n + a_1 D^{n-1} + \cdots + a_n) x = D^n x + a_1 D^{n-1} x + \cdots + a_n x$$

と定義して

$$p(D) = D^n + a_1 D^{n-1} + \cdots + a_n$$

とおけば，(6.53) の微分方程式は

$$p(D) x = f(t) \tag{6.56}$$

と簡潔に表される．このような表記法を用いると，本節の目的は，

6.8 ラプラス変換による解法の吟味

$$p(s) = s^n + a_1 s^{n-1} + \cdots + a_n$$

とし，$q(s)$ を高々 $(n-1)$ 次の任意の多項式とするとき，次の定理が成り立つことを証明することにほかならない．

定理 6.3

$$\mathcal{L}[\phi(t)] = \frac{q(s)}{p(s)} \quad \text{かつ} \quad \mathcal{L}[g(t)] = \frac{1}{p(s)}$$

ならば，

$$p(D)\{\phi(t) + g(t) * f(t)\} = f(t)$$

が成り立つ．

特に，$f(t) \equiv 0$ のとき，(6.56) は

$$p(D)x = 0 \tag{6.57}$$

となり，定理 6.3 から次が成り立つ．

系 6.1

$$\mathcal{L}[\phi(t)] = \frac{q(s)}{p(s)}$$

ならば，$p(D)\phi(t) = 0$ が成り立つ．すなわち，$\phi(t)$ は (6.57) の解である．

$\dfrac{q(s)}{p(s)}$ の原像である $\phi(t)$ は，$p(s)$ の根によって決定づけられることが後の議論で明らかになる．その意味で，$p(s)$ は (6.57) の**特性多項式**，$p(s) = 0$ は (6.57) の**特性方程式**とよばれる．

定理 6.3 を証明するための補題をいくつか準備しよう．各補題の証明は，第 3 章の復習として読者にまかせる．まずは，微分作用素 $p(D)$ の線形性

$$p(D)\{c_1 x_1(t) + c_2 x_2(t)\} = c_1 p(D) x_1(t) + c_2 p(D) x_2(t)$$

から，次の 2 つの補題が成り立つ．

補題 6.1 (重ね合わせの原理 I) $x_i(t)$ $(i = 1, \cdots, k)$ が (6.57) の解ならば,
$$\sum_{i=1}^{k} c_i x_i(t)$$
も (6.57) の解である. ここで c_i は定数とする.

補題 6.2 (重ね合わせの原理 II) $x_i(t)$ $(i = 1, \cdots, k)$ を
$$p(D)x = f_i(t)$$
の解とすると,
$$x(t) = \sum_{i=1}^{k} c_i x_i(t)$$
は,
$$p(D)x = \sum_{i=1}^{k} c_i f_i(t)$$
の解となる. ここで c_i は定数とする.

○例 **6.8** $\beta \neq 0$ とするとき, $\cos \beta t$, $\sin \beta t$ はいずれも
$$\frac{d^2 x}{dt^2} + \beta^2 x = 0$$
の解であるから, 任意の定数 A, B に対して $A\cos \beta t + B\sin \beta t$ も上式の解となる. □

○例 **6.9** $x_1(t) = -e^{-t} + 2$ は
$$\frac{dx}{dt} + x = 2$$
の解であって, $x_2(t) = e^{-t} + 2t - 3$ は
$$\frac{dx}{dt} + x = 2t - 1$$
の解である. このとき,
$$x_1(t) + 2x_2(t) = e^{-t} + 4t - 4$$

6.8 ラプラス変換による解法の吟味

は
$$\frac{dx}{dt} + x = 4t$$
の解となる． □

$p(s), q(s)$ を 2 つの多項式とし，それらに対応する微分作用素を $p(D), q(D)$ としよう．任意の微分可能な $x(t)$ に対して
$$p(D)x(t) \equiv q(D)x(t)$$
が成立するとき
$$p(D) = q(D)$$
と約束し，さらに，微分作用素の和と積を
$$\{p(D) + q(D)\}x(t) \equiv p(D)x(t) + q(D)x(t),$$
$$\{p(D)q(D)\}x(t) \equiv p(D)\{q(D)x(t)\}$$
が成り立つことと定義すれば，これらは多項式の相等，和，および積の定義と一致する．すなわち，加減乗の 3 つの演算から導かれる多項式に関する公式が，そのまま微分作用素に対しても成り立つということである．

補題 6.3 $p(s), q(s)$ を多項式とするとき，
$$p(D)q(D) = q(D)p(D)$$
が成り立つ．

補題 6.4 $p(s), q(s)$ を多項式とする．$p(s)$ が $q(s)$ で割り切れるならば，
$$q(D)x = 0$$
の解は，
$$p(D)x = 0$$
の解となる．

系 6.2 $p(s) = \prod_{i=1}^{k} p_i(s)$ とし, $p_i(s)$ に対応する微分作用素を $p_i(D)$ とするとき,
$$p_i(D)x_i(t) = 0 \qquad (i=1,\cdots,k)$$
ならば
$$p(D)\left\{\sum_{i=1}^{k} c_i x_i(t)\right\} = 0$$
が成り立つ. ここで c_i は定数とする.

○例 6.10 e^t は $(D-1)x = 0$ の解であり, e^{-2t} は $(D+2)x = 0$ の解であるから, これらの和 $e^t + e^{-2t}$ は, $(D^2 + D - 2)x = 0$ の解である. なぜならば, $p(s) = s^2 + s - 2 = (s-1)(s+2)$ だからである. □

指数関数 $e^{\alpha t}$ に対し
$$De^{\alpha t} = \alpha e^{\alpha t}$$
を得る. さらに,
$$D^2 e^{\alpha t} = D(De^{\alpha t}) = D(\alpha e^{\alpha t}) = \alpha^2 e^{\alpha t}.$$
同様にして,
$$D^m e^{\alpha t} = \alpha^m e^{\alpha t} \tag{6.58}$$
が得られることは容易にわかるであろう. また, $x(t)$ を任意の必要回なだけ微分可能な関数とすると
$$D(e^{\alpha t} x(t)) = \alpha e^{\alpha t} x(t) + e^{\alpha t} Dx(t),$$
すなわち
$$(D-\alpha)e^{\alpha t} x(t) = e^{\alpha t} Dx(t)$$
を得る. さらに, この結果を活用して
$$(D-\alpha)^2 e^{\alpha t} x(t) = (D-\alpha)\{(D-\alpha)e^{\alpha t} x(t)\}$$
$$= (D-\alpha)\{e^{\alpha t} Dx(t)\}$$
$$= (D-\alpha)e^{\alpha t} \{Dx(t)\}$$

6.8 ラプラス変換による解法の吟味

$$= e^{\alpha t} D(Dx(t))$$
$$= e^{\alpha t} D^2 x(t)$$

を得る．以下同様にして，

$$(D-\alpha)^m e^{\alpha t} x(t) = e^{\alpha t} D^m x(t) \tag{6.59}$$

が求められることも容易にわかるであろう．(6.58), (6.59) から，次が成り立つ．

補題 6.5 α を定数とし，$x(t)$ を任意の n 回微分可能な関数とするとき，
$$p(D)e^{\alpha t} = p(\alpha)e^{\alpha t},$$
$$p(D-\alpha)e^{\alpha t} x(t) = e^{\alpha t} p(D) x(t)$$
が成り立つ．

系 6.3 α を定数とするとき，$p(D)x = 0$ の解であることと，$p(D-\alpha)e^{\alpha t}x = 0$ の解であることは同値となる．

任意の n 回微分可能な $x(t)$ に対し，$e^{\alpha t}x(t)$ を補題 6.5 における $x(t)$ と思えば，

$$p(D-\alpha)x(t) = e^{\alpha t} p(D) e^{-\alpha t} x(t)$$

が成り立つ．したがって，$p(D)e^{-\alpha t}x = 0$ の解であることと，$p(D-\alpha)x = 0$ の解であることは同値となる．特に，$De^{-\alpha t}x = 0$ の解であることと，$(D-\alpha)x = 0$ の解であることが同値だという事実を利用すれば，$x = e^{\alpha t}$ が $(D-\alpha)x = 0$ の解となることは直ちにわかる．なぜならば，$De^{-\alpha t}x = 0$ を満たす $x(t)$ は，c を任意定数として $e^{-\alpha t}x = c$ を満たす $x(t)$ であるからである．同様な考え方をすれば，$p(s)$ が $s-\alpha$ を因数としてもつより一般な場合でも，補題 6.4 から，$x = e^{\alpha t}$ は $p(D)x = 0$ の解となることが容易にわかるであろう．

また，$(D^2+\beta^2)e^{-\alpha t}x = 0$ の解であることと，$\{(D-\alpha)^2+\beta^2\}x = 0$ の解であることが同値だという事実を用いれば，例 6.8 から，$x = e^{\alpha t}\cos\beta t$, $e^{\alpha t}\sin\beta t$ $(\beta \neq 0)$ がともに $\{(D-\alpha)^2+\beta^2\}x = 0$ の解となることも容易に

わかる．

さらに，$p(s)$ が $(s-\alpha)^2+\beta^2$ を因数としてもつより一般な場合も，補題 6.4 により，$x=e^{\alpha t}\cos\beta t, e^{\alpha t}\sin\beta t\ (\beta\ne 0)$ はともに $p(D)x=0$ の解となることがわかるであろう．

じつは，これらの結果は，逆も成り立つ．

補題 6.6 (1) $x=e^{\alpha t}$ が $p(D)x=0$ の解となるための必要十分条件は，$p(s)$ が $s-\alpha$ を因数としてもつことである．

(2) $\beta\ne 0$ とするとき，$x=e^{\alpha t}\cos\beta t, e^{\alpha t}\sin\beta t$ がともに $p(D)x=0$ の解となるための必要十分条件は，$p(s)$ が $(s-\alpha)^2+\beta^2$ を因数としてもつことである．

この補題の証明は，第 3 章の復習の範囲を超えているので証明を付ける．(1) と (2) とも十分性は上記においてすでに示されているから，必要性だけ証明すればよい．

(1) の必要性の証明． $p(s)$ が $s-\alpha$ を因数にもたないとすると，$q_1(s)$ を $(n-1)$ 次の多項式，r_1 を実数として

$$p(s)=q_1(s)(s-\alpha)+r_1 \qquad (r_1\ne 0)$$

と表される．$p(D)e^{\alpha t}=0$ かつ $(D-\alpha)e^{\alpha t}=0$，および補題 6.4 から

$$\begin{aligned}0=p(D)e^{\alpha t} &= \{q_1(D)(D-\alpha)+r_1\}e^{\alpha t}\\ &= q_1(D)\{(D-\alpha)e^{\alpha t}\}+r_1 e^{\alpha t}\\ &= r_1 e^{\alpha t}\end{aligned}$$

となるので，$r_1=0$ を得る．これは背理法の仮定に矛盾する． □

(2) の必要性の証明． $p(s)$ が $(s-\alpha)^2+\beta^2$ を因数にもたないとすると，$q_2(s)$ を $(n-2)$ 次の多項式，r_2,r_3 を実数として

$$p(s)=q_2(s)\{(s-\alpha)^2+\beta^2\}+r_2(s-\alpha)+r_3 \quad (r_2\ne 0 \text{ または } r_3\ne 0)$$

と表される．$x=e^{\alpha t}\cos\beta t, e^{\alpha t}\sin\beta t$ がともに $p(D)x=0$ の解であるから，$A^2+B^2\ne 0$ なる A,B に対して $p(D)(Ae^{\alpha t}\cos\beta t+Be^{\alpha t}\sin\beta t)=0$ が成り立つ．また，

6.8 ラプラス変換による解法の吟味

$$\{(D-\alpha)^2 + \beta^2\}(Ae^{\alpha t}\cos\beta t + Be^{\alpha t}\sin\beta t) = 0$$

であることも明らか．これらの事実と補題 6.4 および補題 6.5 により，

$$\begin{aligned}
0 &= p(D)(Ae^{\alpha t}\cos\beta t + Be^{\alpha t}\sin\beta t) \\
&= \left[q_2(D)\{(D-\alpha)^2 + \beta^2\} + r_2(D-\alpha) + r_3\right](Ae^{\alpha t}\cos\beta t + Be^{\alpha t}\sin\beta t) \\
&= \{r_2(D-\alpha) + r_3\}(Ae^{\alpha t}\cos\beta t + Be^{\alpha t}\sin\beta t) \\
&= e^{\alpha t}\{r_2 D + r_3\}(A\cos\beta t + B\sin\beta t) \\
&= e^{\alpha t}\{(r_2\beta B + r_3 A)\cos\beta t + (-r_2\beta A + r_3 B)\sin\beta t\}
\end{aligned}$$

となるので，

$$r_2\beta B + r_3 A = 0,$$
$$-r_2\beta A + r_3 B = 0$$

が成り立たなければならない．$\beta \neq 0, A^2 + B^2 \neq 0$ であるから，$r_2 = r_3 = 0$ を得る．これは背理法の仮定に矛盾する． □

6.8.2 解法の正しさの証明

以上の準備のもと，ラプラス変換による初期値問題 (6.53) の解法の正しさ，すなわち，定理 6.3 を証明しよう．

6.6 節で紹介した部分分数分解定理 6.2 により，$p(s)$ は，

$$p(s) = \prod_{i=1}^{\mu}(s-\gamma_i)^{l_i} \prod_{j=1}^{\nu}\{(s-\alpha_j)^2 + \beta_j^2\}^{m_j} \tag{6.60}$$

のように 1 次式と 2 次式との積に因数分解され，$\dfrac{q(s)}{p(s)}$ と $\dfrac{1}{p(s)}$ はそれぞれ

$$\begin{aligned}
\frac{q(s)}{p(s)} = \sum_{i=1}^{\mu}&\left\{\frac{A_{i1}}{s-\gamma_i} + \frac{A_{i2}}{(s-\gamma_i)^2} + \cdots + \frac{A_{il_i}}{(s-\gamma_i)^{l_i}}\right\} \\
+ \sum_{j=1}^{\nu}&\left\{\frac{B_{j1}(s-\alpha_j) + C_{j1}}{(s-\alpha_j)^2 + \beta_j^2} + \frac{B_{j2}(s-\alpha_j) + C_{j2}}{\{(s-\alpha_j)^2 + \beta_j^2\}^2} + \cdots \right. \\
&\left. + \frac{B_{jm_j}(s-\alpha_j) + C_{jm_j}}{\{(s-\alpha_j)^2 + \beta_j^2\}^{m_j}}\right\},
\end{aligned}$$

$$\frac{1}{p(s)} = \sum_{i=1}^{\mu} \left\{ \frac{\widetilde{A}_{i1}}{s-\gamma_i} + \frac{\widetilde{A}_{i2}}{(s-\gamma_i)^2} + \cdots + \frac{\widetilde{A}_{il_i}}{(s-\gamma_i)^{l_i}} \right\}$$

$$+ \sum_{j=1}^{\nu} \left\{ \frac{\widetilde{B}_{j1}(s-\alpha_j) + \widetilde{C}_{j1}}{(s-\alpha_j)^2 + \beta_j^2} + \frac{\widetilde{B}_{j2}(s-\alpha_j) + \widetilde{C}_{j2}}{\{(s-\alpha_j)^2 + \beta_j^2\}^2} + \cdots \right.$$

$$\left. + \frac{\widetilde{B}_{jm_j}(s-\alpha_j) + \widetilde{C}_{jm_j}}{\{(s-\alpha_j)^2 + \beta_j^2\}^{m_j}} \right\}$$

と一意に展開できる. ただし, $\sum_{i=1}^{\mu} l_i + 2\sum_{j=1}^{\nu} m_j = n$ であり, $A_{i1}, \cdots, A_{il_i}$, $B_{j1}, \cdots, B_{jm_j}, C_{j1}, \cdots, C_{jm_j}$, および $\widetilde{A}_{i1}, \cdots, \widetilde{A}_{il_i}, \widetilde{B}_{j1}, \cdots, \widetilde{B}_{jm_j}, \widetilde{C}_{j1},$ $\cdots, \widetilde{C}_{jm_j}$ は実定数である $(i=1,\cdots,\mu;\ j=1,\cdots,\nu)$. したがって,

$$\mathcal{L}[\phi(t)] = \frac{q(s)}{p(s)}, \qquad \mathcal{L}[g(t)] = \frac{1}{p(s)}$$

なる $\phi(t), g(t)$ は, ラプラス変換の線形性から,

$$\begin{aligned}
\mathcal{L}[\phi_{il}(t)] &= \frac{1}{(s-\gamma_i)^l}, \\
\mathcal{L}[\phi_{jm}^b(t)] &= \frac{s-\alpha_j}{\{(s-\alpha_j)^2+\beta^2\}^m}, \\
\mathcal{L}[\phi_{jm}^c(t)] &= \frac{1}{\{(s-\alpha_j)^2+\beta^2\}^m}
\end{aligned} \qquad (6.61)$$

なる $\phi_{il}(t), \phi_{jm}^b(t), \phi_{jm}^c(t)$ を用いて

$$\begin{aligned}
\phi(t) = &\sum_{i=1}^{\mu} \{A_{i1}\phi_{i1}(t) + A_{i2}\phi_{i2}(t) + \cdots + A_{il_i}\phi_{il_i}(t)\} \\
&+ \sum_{j=1}^{\nu} \left\{ B_{j1}\phi_{j1}^b(t) + B_{j2}\phi_{j2}^b(t) + \cdots + B_{jm_j}\phi_{jm_j}^b(t) \right\} \\
&+ \sum_{j=1}^{\nu} \left\{ C_{j1}\phi_{j2}^c(t) + C_{j2}\phi_{j2}^c(t) + \cdots + C_{jm_j}\phi_{jm_j}^c(t) \right\}, \quad (6.62)
\end{aligned}$$

$$\begin{aligned}
g(t) = &\sum_{i=1}^{\mu} \left\{ \widetilde{A}_{i1}\phi_{i1}(t) + \widetilde{A}_{i2}\phi_{i2}(t) + \cdots + \widetilde{A}_{il_i}\phi_{il_i}(t) \right\} \\
&+ \sum_{j=1}^{\nu} \left\{ \widetilde{B}_{j1}\phi_{j1}^b(t) + \widetilde{B}_{j2}\phi_{j2}^b(t) + \cdots + \widetilde{B}_{jm_j}\phi_{jm_j}^b(t) \right\} \\
&+ \sum_{j=1}^{\nu} \left\{ \widetilde{C}_{j1}\phi_{j2}^c(t) + \widetilde{C}_{j2}\phi_{j2}^c(t) + \cdots + \widetilde{C}_{jm_j}\phi_{jm_j}^c(t) \right\} \quad (6.63)
\end{aligned}$$

6.8 ラプラス変換による解法の吟味

と表される.ところで,(6.61) を満たす $\phi_{il}(t)$, $\phi_{jm}^b(t)$, $\phi_{jm}^c(t)$ は,各々適当な s の区間において

$$\mathcal{L}\left[\frac{t^{l-1}}{(l-1)!}e^{\gamma_i t}\right] = \frac{1}{(s-\gamma_i)^l} \quad (s > \gamma_i),$$

$$\mathcal{L}\left[e^{\alpha_j t}\frac{df_m^j(t)}{dt}\right] = \frac{s-\alpha_j}{\{(s-\alpha_j)^2 + \beta^2\}^m} \quad (s > \alpha_j),$$

$$\mathcal{L}\left[e^{\alpha_j t}f_m^j(t)\right] = \frac{1}{\{(s-\alpha_j)^2 + \beta^2\}^m} \quad (s > \alpha_j)$$

と求められることが前節までの議論でわかっている.ここで,$f_m^j(t)$ は

$$f_m^j(t) = \underbrace{\frac{1}{\beta_j}\sin\beta_j t * \cdots * \frac{1}{\beta_j}\sin\beta_j t}_{m \text{ 個}}$$

である.この結果および補題 6.1 から,ラプラス変換による初期値問題 (6.53) の解法の正しさを証明するためには,

$$\phi_{il}(t) = \frac{t^{l-1}}{(l-1)!}e^{\gamma_i t} \quad (i=1,\cdots,\mu; \ l=1,\cdots,l_i)$$

$$\phi_{jm}^b(t) = e^{\alpha_j t}\frac{df_m^j(t)}{dt} \quad (j=1,\cdots,\nu; \ m=1,\cdots,m_j) \quad (6.64)$$

$$\phi_{jm}^c(t) = e^{\alpha_j t}f_m^j(t) \quad (j=1,\cdots,\nu; \ m=1,\cdots,m_j)$$

と,これらの 1 次結合 (6.63) で定まる $g(t)$ に対し,

$$p(D)\phi_{il}(t) = 0, \quad (6.65)$$

$$p(D)\phi_{jm}^b(t) = 0, \quad (6.66)$$

$$p(D)\phi_{jm}^c(t) = 0, \quad (6.67)$$

$$p(D)\{g(t)*f(t)\} = f(t) \quad (6.68)$$

が成り立つことを示せばよい.

まずは,(6.65) から証明しよう.明らかに $D^l t^{l-1} = 0$ であるから,補題 6.5 より,

$$(D-\gamma_i)^l e^{\gamma_i t} t^{l-1} = 0.$$

よって,

$$(D-\gamma_i)^l \frac{t^{l-1}}{(l-1)!}e^{\gamma_i t} = \frac{1}{(l-1)!}(D-\gamma_i)^l t^{l-1}e^{\gamma_i t} = 0$$

を得る．(6.60) から，$p(s)$ は $(s-\gamma_i)^{l_i}$ を因数としてもつので，補題 6.3 より,

$$p(D)\frac{t^{l-1}}{(l-1)!}e^{\gamma_i t} = 0$$

が成り立つ．

次に (6.66) と (6.67) は，(6.60) から，$p(s)$ が $\{(s-\alpha_j)^2 + \beta_j^2\}^{m_j}$ を因数としてもつので，補題 6.4 より,

$$\{(D-\alpha_j)^2+\beta_j^2\}^{m_j} e^{\alpha_j t}\frac{df_m^j(t)}{dt} = 0,$$

$$\{(D-\alpha_j)^2+\beta_j^2\}^{m_j} e^{\alpha_j t} f_m^j(t) = 0$$

を示せばよい．さらに，補題 6.5 から

$$\left(D^2+\beta_j^2\right)^{m_j}\frac{df_m^j(t)}{dt} = 0, \tag{6.69}$$

$$\left(D^2+\beta_j^2\right)^{m_j} f_m^j(t) = 0 \tag{6.70}$$

を確かめればよいことがわかる．ところが，(6.70) は前節ですでに示されている．すなわち (6.46) によれば,

$$\left(D^2+\beta_j^2\right)f_m^j(t) = f_{m-1}^j(t), \qquad \left(D^2+\beta_j^2\right)f_1^j(t) = 0$$

が成り立つので,

$$\left(D^2+\beta_j^2\right)^m f_m^j(t) = \left(D^2+\beta_j^2\right)^{m-1} f_{m-1}^j(t)$$
$$= \left(D^2+\beta_j^2\right)^{m-2} f_{m-2}^j(t)$$
$$\vdots$$
$$= \left(D^2+\beta_j^2\right) f_1^j(t) = 0$$

となり，補題 6.4 から,

$$\left(D^2+\beta_j^2\right)^{m_j} f_m^j(t) = \left(D^2+\beta_j^2\right)^{m_j-m}\left\{\left(D^2+\beta_j^2\right)^m f_m^j(t)\right\} = 0$$

が得られるからである．また，この結果から，補題 6.3 を用いて

$$\left(D^2+\beta_j^2\right)^{m_j}\frac{df_m^j(t)}{dt} = D\left\{\left(D^2+\beta_j^2\right)^{m_j} f_m^j(t)\right\} = 0$$

6.8 ラプラス変換による解法の吟味

と，(6.69) が直ちに示される．

以上の議論で，(6.64) の 1 次結合 (6.62) で定まる $\phi(t)$ は，

$$\mathcal{L}[x] = \frac{b_1 s^{n-1} + b_2 s^{n-2} + \cdots + b_n}{s^n + a_1 s^{n-1} + \cdots + a_n}$$

の原像であると同時に，$p(D)x = 0$ の解であることが証明される．b_i $(i = 1, 2, \cdots, n)$ は

$$\begin{pmatrix} b_1 \\ b_2 \\ \vdots \\ b_n \end{pmatrix} = \begin{pmatrix} 1 & & & 0 \\ a_1 & \ddots & & \\ \vdots & \ddots & \ddots & \\ a_{n-1} & \cdots & a_1 & 1 \end{pmatrix} \begin{pmatrix} \xi_1 \\ \xi_2 \\ \vdots \\ \xi_n \end{pmatrix} \tag{6.71}$$

であった．この $\phi(t)$ が，満たすべき初期条件

$$\phi(0) = \xi_1, \ \phi'(0) = \xi_2, \ \cdots, \ \phi^{(n-1)}(0) = \xi_n$$

を成り立たさせることは次のようにして示される．(6.64) の 1 次結合 (6.62) で定まる $\phi(t)$ がこの初期条件を満たさない，すなわち，

$$(\widehat{\xi}_1, \widehat{\xi}_2, \cdots, \widehat{\xi}_n) \neq (\xi_1, \xi_2, \cdots, \xi_n)$$

なる $\widehat{\xi}_i$ $(i = 1, 2, \cdots, n)$ に対して

$$\phi(0) = \widehat{\xi}_1, \ \phi'(0) = \widehat{\xi}_2, \ \cdots, \ \phi^{(n-1)}(0) = \widehat{\xi}_n$$

であると仮定しよう．このとき，$\phi(t)$ のラプラス変換は，

$$\begin{pmatrix} \widehat{b}_1 \\ \widehat{b}_2 \\ \vdots \\ \widehat{b}_n \end{pmatrix} = \begin{pmatrix} 1 & & & 0 \\ a_1 & \ddots & & \\ \vdots & \ddots & \ddots & \\ a_{n-1} & \cdots & a_1 & 1 \end{pmatrix} \begin{pmatrix} \widehat{\xi}_1 \\ \widehat{\xi}_2 \\ \vdots \\ \widehat{\xi}_n \end{pmatrix} \tag{6.72}$$

を満たす $\widehat{b}_i$ $(i = 1, 2, \cdots, n)$ を用いて

$$\mathcal{L}[\phi(t)] = \frac{\widehat{b}_1 s^{n-1} + \widehat{b}_2 s^{n-2} + \cdots + \widehat{b}_n}{s^n + a_1 s^{n-1} + \cdots + a_n}$$

と表されるが，これは

$$\frac{b_1 s^{n-1} + b_2 s^{n-2} + \cdots + b_n}{s^n + a_1 s^{n-1} + \cdots + a_n}$$

と等しいはずである．したがって，適当な s の区間において

$$\frac{b_1 s^{n-1} + b_2 s^{n-2} + \cdots + b_n}{s^n + a_1 s^{n-1} + \cdots + a_n} = \frac{\widehat{b}_1 s^{n-1} + \widehat{b}_2 s^{n-2} + \cdots + \widehat{b}_n}{s^n + a_1 s^{n-1} + \cdots + a_n},$$

すなわち

$$(b_1 - \widehat{b}_1)s^{n-1} + (b_2 - \widehat{b}_2)s^{n-2} + \cdots + (b_{n-1} - \widehat{b}_{n-1})s + b_n - \widehat{b}_n = 0$$

が成り立つので，$b_1 = \widehat{b}_1, b_2 = \widehat{b}_2, \cdots, b_n = \widehat{b}_n$ を得る．この結果と，(6.71)，(6.72) から

$$\begin{pmatrix} 0 \\ 0 \\ \vdots \\ 0 \end{pmatrix} = \begin{pmatrix} 1 & & & 0 \\ a_1 & \ddots & & \\ \vdots & \ddots & \ddots & \\ a_{n-1} & \cdots & a_1 & 1 \end{pmatrix} \begin{pmatrix} \xi_1 - \widehat{\xi}_1 \\ \xi_2 - \widehat{\xi}_2 \\ \vdots \\ \xi_n - \widehat{\xi}_n \end{pmatrix}$$

が成り立ち，直ちに

$$\begin{pmatrix} \xi_1 - \widehat{\xi}_1 \\ \xi_2 - \widehat{\xi}_2 \\ \vdots \\ \xi_n - \widehat{\xi}_n \end{pmatrix} = \begin{pmatrix} 0 \\ 0 \\ \vdots \\ 0 \end{pmatrix}$$

を得る．これは背理法の仮定に矛盾する．

最後に，(6.68) を示そう．いま証明したことから，(6.64) の 1 次結合 (6.63) で定まる $g(t)$ は，$p(D)x = 0$ の解である．そして，

$$\mathcal{L}[g(t)] = \frac{1}{s^n + a_1 s^{n-1} + \cdots + a_n}$$

であるから，$g(t)$ の初期条件

$$g(0) = \xi_1, \ g'(0) = \xi_2, \ \cdots, \ g^{(n-1)}(0) = \xi_n$$

は

$$\begin{pmatrix} 0 \\ 0 \\ \vdots \\ 1 \end{pmatrix} = \begin{pmatrix} 1 & & & 0 \\ a_1 & \ddots & & \\ \vdots & \ddots & \ddots & \\ a_{n-1} & \cdots & a_1 & 1 \end{pmatrix} \begin{pmatrix} \xi_1 \\ \xi_2 \\ \vdots \\ \xi_n \end{pmatrix}$$

を満たす ξ_i $(i = 1, 2, \cdots, n)$ にほかならない．すなわち

6.8 ラプラス変換による解法の吟味

$$\xi_1 = \xi_2 = \cdots = \xi_{n-1} = 0, \quad \xi_n = 1.$$

この初期条件に注意して,合成積 $g(t) * f(t)$ に対して公式 (6.44) を適用すると,

$$D(g * f) = (Dg) * f + g(0)f(t) = (Dg) * f$$

を得る.これに再び (6.44) を適用すれば,

$$\begin{aligned}
D^2(g * f) &= D\{D(g * f)\} \\
&= D\{(Dg) * f\} = D(Dg) * f + g''(0)f(t) = (D^2 g) * f.
\end{aligned}$$

以下同様にして,

$$\begin{aligned}
D^{n-1}(g * f) &= D\{D^{n-2}(g * f)\} \\
&= D\{(D^{n-2} g) * f\} \\
&= D(D^{n-2} g) * f + g^{(n-2)}(0)f(t) = (D^{n-1} g) * f
\end{aligned}$$

を得る.さらに,

$$\begin{aligned}
D^n(g * f) &= D\{D^{n-1}(g * f)\} \\
&= D\{(D^{n-1} g) * f\} \\
&= D(D^{n-1} g) * f + g^{(n-1)}(0)f(t) = (D^n g) * f + f(t)
\end{aligned}$$

となる.したがって,

$$\begin{aligned}
& p(D)(g(t) * f(t)) \\
&= D^n(g * f) + a_1 D^{n-1}(g * f) + \cdots + a_{n-1} D(g * f) + a_n(g * f) \\
&= (D^n g) * f + f(t) + a_1 (D^{n-1} g) * f + \cdots + a_{n-1}(Dg) * f + (a_n g) * f \\
&= \{(D^n + a_1 D^{n-1} + \cdots + a_{n-1} D + a_n)g\} * f + f(t) \\
&= \{P(D)g(t)\} * f(t) + f(t) \\
&= 0 * f(t) + f(t) = f(t)
\end{aligned}$$

が成り立つ.

6.8.3 補　足

これで,ラプラス変換による初期値問題 (6.53) の解法の正しさが証明されたのだが,一つ興味深いことに気づく. $f(t)$ のラプラス変換の存在を仮定せず

とも，(6.68) が示されたという事実である．これは，ラプラス変換を用いて初期値問題 (6.53) を解く際，非斉次項 $f(t)$ のラプラス変換が要求されるものの，それは形式的でよく，その存在可否等，$f(t)$ のラプラス変換についてのいっさいを度外視してよいことを意味する．例えば，初期値問題

$$\frac{dx}{dt} + ax = e^{t^2}, \quad x(0) = x_0$$

において，両辺のラプラス変換

$$s\mathcal{L}[x] - x_0 + a\mathcal{L}[x] = \mathcal{L}[e^{t^2}]$$

から

$$\mathcal{L}[x] = \frac{x_0}{s+a} + \frac{1}{s+a}\mathcal{L}[e^{t^2}]$$

を得るが，じつは $\mathcal{L}[e^{t^2}]$ は存在しない．しかしながら，そんなことは無視して $\dfrac{1}{s+a}$ の原像を求め，これを用いて表した

$$x(t) = x_0 e^{-at} + e^{-at} * e^{t^2} = x_0 e^{-at} + \int_0^t e^{-a(t-\tau)} e^{\tau^2} d\tau$$

が所望する解となっていることは明らかである．

逆にいえば，ラプラス変換による初期値問題 (6.53) の解法で重要なのは，$f(t)$ 以外のラプラス変換

$$\mathcal{L}[\phi(t)] = \frac{b_1 s^{n-1} + b_2 s^{n-2} + \cdots + b_n}{s^n + a_1 s^{n-1} + \cdots + a_n},$$

$$\mathcal{L}[g(t)] = \frac{1}{s^n + a_1 s^{n-1} + \cdots + a_n}$$

の原像 $\phi(t), g(t)$ であり，さらには，部分分数分解定理により，(6.63) の $\phi_{il}(t)$, $\phi_{jm}^b(t), \phi_{jm}^c(t)$ こそが本質をなし，$p(s)$ の根はその支柱となっていることである．この意味において，(6.57) の特性方程式 (characteristic equation) である $p(s) = 0$ は，非斉次方程式 (6.53)（または (6.56)）に対しても"特性方程式" (characterizing equation) とよばれてよい．

章末問題

章末問題

1. 次の常微分方程式の初期値問題を解け。

(1) $\begin{cases} \dfrac{d^3x}{dt^3} - \dfrac{d^2x}{dt^2} = 1 \\ x(0) = 0, \ x'(0) = 1, \ x''(0) = 1 \end{cases}$

(2) $\begin{cases} \dfrac{d^3x}{dt^3} + 2\dfrac{d^2x}{dt^2} - \dfrac{dx}{dt} - 2x = 1 \\ x(0) = 0, \ x'(0) = 1, \ x''(0) = 1 \end{cases}$

(3) $\begin{cases} \dfrac{d^3x}{dt^3} - 4\dfrac{d^2x}{dt^2} + 5\dfrac{dx}{dt} - 2x = 1 \\ x(0) = 0, \ x'(0) = 1, \ x''(0) = 1 \end{cases}$

(4) $\begin{cases} \dfrac{d^3x}{dt^3} - \dfrac{d^2x}{dt^2} - \dfrac{dx}{dt} + x = 1 \\ x(0) = 0, \ x'(0) = 1, \ x''(0) = 1 \end{cases}$

(5) $\begin{cases} \dfrac{d^3x}{dt^3} - \dfrac{5}{2}\dfrac{d^2x}{dt^2} + 2\dfrac{dx}{dt} - \dfrac{1}{2}x = 1 \\ x(0) = 0, \ x'(0) = 1, \ x''(0) = 1 \end{cases}$

7
力 学 系

独立変数を陽には含まない微分方程式は通常，**力学系**とよばれる．物理学・化学・生態学等では多くの現象が力学系で記述されることが広く知られている．本章では，この力学系の基本的な性質を紹介する．

応用科学からの観点により，力学系に対しては平衡点 (定数解)，周期解等の考察が主テーマである．2 次元の力学系は図形的な解釈が十分可能である．7.2 節や 7.4 節ではそのような手法による平衡点や周期解の解析法を紹介する．一方，**線形近似**という手法を用いると，一般次元での平衡点の考察が見通しよくできる．7.3 節ではそれをわかりやすい 2 次元の場合に紹介する．

7.1 力学系の基本的性質

$x = (x_1, x_2, \cdots, x_n)$ を未知関数とする連立微分方程式 (**方程式系**ともいう) $x' = g(t, x)$ で右辺が独立変数 t を含まない場合，すなわち

$$x' = f(x) \tag{7.1}$$

を考えよう．成分表示で書くならば $f(x) = (f_1(x), f_2(x), \cdots, f_n(x))$ として

$$\begin{cases} x_1' = f_1(x_1, x_2, \cdots, x_n), \\ x_2' = f_2(x_1, x_2, \cdots, x_n), \\ \quad \cdots\cdots \\ x_n' = f_n(x_1, x_2, \cdots, x_n) \end{cases}$$

という連立方程式である．このような連立微分方程式を (n 次元) **自律系**，または**自励系**とよぶ．

さらに本章では，"方程式系 (7.1) の右辺のベクトル値関数 $f(x)$ は少なくと

7.1 力学系の基本的性質

も連続で，(7.1) の任意の初期値問題の解はすべて一意的かつ $-\infty < t < \infty$ で存在する"と仮定して議論を進めることにする．このような性質は応用上現れる通常の方程式では成立している．この性質が満たされるとき，方程式系 (7.1) は通常 (n 次元) **力学系**とよばれる．

○**例 7.1** (1) A を n 次行列とする．連立方程式 $\bm{x}' = A\bm{x}$ は力学系である．第 5 章では，特に $n = 2$ の場合のこれの解曲線の性質について学んだ．

(2) 速度に比例した抵抗力を考慮した単振り子の方程式

$$x'' + ax' + b\sin x = 0 \tag{7.2}$$

を考えよう ($a, b > 0$ は定数)．通常どおり $x_1 = x$, $x_2 = x'$ とおくと，この方程式は力学系の連立方程式

$$\begin{cases} x_1' = x_2, \\ x_2' = -b\sin x_1 - ax_2 \end{cases} \tag{7.3}$$

と同値とわかる．よってこのように連立ではない独立変数を含まない方程式 (7.2) も力学系とよばれることが多い． □

力学系は，"方程式が独立変数 t を含まない"という性質のため一般の連立方程式にはないような良い性質をもつことがある．本章の主目的はそのような基礎理論の紹介である．

定義 7.1 $\bm{x}(t)$ を力学系 (7.1) の解とする．$\mathbf{R}^n$ の部分集合 $\{\bm{x}(t) \mid t \in \mathbf{R}\}$ を解 $\bm{x}(t)$ の**解軌道**という．時刻を非負に限った $\{\bm{x}(t) \mid t \geq 0\}$ を解 $\bm{x}(t)$ の正の解軌道とよぶこともある．図形的には解軌道とは，$\mathbf{R}^n$ 内の曲線 (解曲線) を表している．

○**例 7.2** 2 次元力学系

$$\begin{cases} x_1' = 4x_2, \\ x_2' = -x_1 \end{cases} \tag{7.4}$$

を考えよう．第 4 章によりこの一般解は，c_1, c_2 を任意定数として

$$\begin{pmatrix} x_1(t) \\ x_2(t) \end{pmatrix} = \begin{pmatrix} 2c_1 \cos 2t + 2c_2 \sin 2t \\ c_2 \cos 2t - c_1 \sin 2t \end{pmatrix}$$

である. よって,
$$x_1(t)^2 + 4x_2(t)^2 \equiv 4c_1^2 + c_2^2$$
となり, 解軌道はすべて原点中心の楕円を描くことがわかる. t が $-\infty$ から $+\infty$ まで動くとき解はこの楕円上を右回りに何回もまわる. ただし, 原点 $(0,0)$, すなわち $(x_1(t), x_2(t)) \equiv (0,0)$ という解の解軌道は一点 $(0,0)$ のみである (図 7.1). □

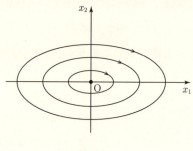

図 7.1

じつは具体的に方程式を解かなくてもこの系の解軌道の形はわかる. 実際, 方程式より $x_1 x_1' + 4x_2 x_2' = 0$ なので $(x_1^2 + 4x_2^2)' = 0$ となる. つまり $x_1^2 + 4x_2^2 = c$ (c は定数) なので, 確かに解軌道は原点中心の楕円を描く.

このように力学系は具体的に解かなくても解の振る舞いを調べることができる場合も多い.

まず, 力学系の基本的な性質をあげよう.

定理 7.1 $\boldsymbol{x}(t)$ を力学系 (7.1) の解, T を実数とする. このとき $\boldsymbol{x}_*(t) \equiv \boldsymbol{x}(t+T)$ で定義される関数 $\boldsymbol{x}_*(t)$ も (7.1) の解になる.

証明. $\dfrac{d}{dt}\boldsymbol{x}_*(t) = \boldsymbol{x}'(t+T) = \boldsymbol{f}(\boldsymbol{x}(t+T)) = \boldsymbol{f}(\boldsymbol{x}_*(t))$ よりわかる. □

注意 7.1 上記の定理において, $\boldsymbol{x}(t)$ の解軌道と $\boldsymbol{x}_*(t)$ の解軌道は図形としては当然同一のものになる. つまり, 同一曲線の異なるパラメータ表示とみなせる.

7.1 力学系の基本的性質

定理 7.2 $x_1(t)$, $x_2(t)$ を (7.1) の 2 つの解とする．これらの解軌道が共有点を (少なくとも 1 つ) もてば，じつは $x_1(t)$ と $x_2(t)$ の解軌道は一致する．

系 7.1 $x_1(t), x_2(t)$ を (7.1) の異なる 2 つの解とすると，これらの解軌道はけっして共有点をもたない．

定理 7.2 の証明． この解軌道の共有点を a とし，ある時刻 t_1, t_2 で $x_1(t_1) = x_2(t_2) = a$ とする．$x_1(t)$ は初期値問題

$$\begin{cases} x' = f(x), \\ x(t_1) = a \end{cases}$$

の解である．一方，$y(t) \equiv x_2(t-t_1+t_2)$ も定理 7.1 により同じ初期値問題の解になる．よって初期値問題の解の一意性により $x_1(t) \equiv y(t) \equiv x_2(t-t_1+t_2)$ となり，x_1 と x_2 の解軌道は一致する． □

上記の証明中にあるように，ある定数 $T \neq 0$ に対して $x(t+T) \equiv x(t)$ となる (7.1) の解 $x(t)$ が存在しうる．実際，例 7.2 で取り上げた力学系 (7.4) の解は $T = \pi$ としてまさにその性質をもっている．そこで次のような定義を与える．

定義 7.2 力学系 (7.1) の解 $x(t)$ である定数 $T > 0$ に対し $x(t+T) \equiv x(t)$ を満たすものを**周期解**とよぶ．このような正定数 T のうちで最小のものを通常，この解の (基本) **周期**とよぶ．

定義 7.3 力学系 (7.1) において，$x(t) \equiv a$ (定数ベクトル) の形の解を (7.1) の**平衡点** (または特異点，停留点，定常解) という．

次の定理は自明であろう．

> **定理 7.3** $a \in \mathbf{R}^n$ が力学系 (7.1) の平衡点になるための必要十分条件は $f(a) = 0$ となることである.

○**例 7.3** (1) $a, b, c > 0$ を定数とする. 力学系
$$\begin{cases} x' = x^2 - ay, \\ y' = bx - cy \end{cases} \tag{7.5}$$
の平衡点は $(0, 0), \left(\dfrac{ab}{c}, \dfrac{ab^2}{c^2}\right)$ である.

(2) 力学系
$$\begin{cases} x' = x(5 - 2y), \\ y' = xy(2 - 3x) \end{cases}$$
の平衡点は y 軸全体と点 $\left(\dfrac{2}{3}, \dfrac{5}{2}\right)$ である. このように平衡点 (全体の集合) が曲線 (いまの場合はたまたま直線) になることもある. □

> **定理 7.4** 力学系 (7.1) の解 $x(t)$ が時刻 ∞ である点に収束する, すなわち $\lim_{t \to \infty} x(t) = a$ とする. このとき $f(a) = 0$ である. (つまり, 解がある点に収束するならば収束先は必ず平衡点になる.)

証明. $x(t) = (x_i(t))$, $f(x) = (f_i(x))$ と成分表示しよう.

背理法で証明する. $f(a) \neq 0$ とすると, ある番号 j に対して $f_j(a) \neq 0$ となる. 例えば, $f_j(a) > 0$ と仮定しよう. ($f_j(a) < 0$ のときも同様である.) $x'_j(t) = f_j(x(t))$ なので, 連続性により, 十分大きな時刻 T に対して
$$t \geq T \quad \text{ならば} \quad x'_j(t) \geq \frac{f_j(a)}{2} \equiv \delta > 0.$$
これを積分すれば, $t \geq T$ のとき $x_j(t) \geq x_j(T) + \delta(t - T)$ となり, $\lim_{t \to \infty} x_j(t) = \infty$ という矛盾にいたる. □

7.2 相平面解析

本節では特に,2次元の力学系 (平面上の力学系) を考えよう.よって,方程式系 (7.1) の成分表示を

$$\begin{cases} x' = f(x,y), \\ y' = g(x,y) \end{cases} \tag{7.6}$$

と書くことにする.

> **定義 7.4** 力学系 (7.6) に対して $f(x,y) = 0$ を満たす点 (x,y) 全体の集合を **x-ヌルクライン** (nullcline),または **x-等傾斜線**とよぶ.同様に,$g(x,y) = 0$ を満たす点 (x,y) 全体の集合を **y-ヌルクライン**とよぶ.

注意 7.2 (1) ヌルクラインは,その定義からわかるように通常はいくつかの曲線の合併集合となる.

(2) x-ヌルクラインと y-ヌルクラインの共有点は $f(x,y) = 0$ かつ $g(x,y) = 0$ となる点 (x,y) なので,まさしく力学系 (7.6) の平衡点となる.

x-ヌルクラインおよび y-ヌルクラインにより xy-平面は通常はいくつかの部分に分割される.ヌルクラインはこの部分集合の境界となっている.そして各々の部分 (集合) の内部においては $f(x,y), g(x,y)$ の符号は一定となる.よって,力学系 (7.6) の解 $(x(t), y(t))$ に対して,そこでは $x'(t), y'(t)$ の符号は一定になり,これは時刻 t が正の方向に進むときの解軌道の接ベクトルの方向 (上下左右の四方向のなかで) が一定であることを意味する.また,x-ヌルクライン上の点では解軌道の接ベクトルの x 成分は 0 となる.y-ヌルクライン上の点でも同様である.図示すると図 7.2,図 7.3,図 7.4 のようになる.

前節の力学系 (7.5) を考えよう.x-ヌルクラインは放物線 $y = \dfrac{x^2}{a}$,y-ヌルクラインは直線 $bx - cy = 0$ である.この2曲線により xy-平面は5つの部分に分割され,解軌道の各部分の接ベクトルの方向は図 7.5 のようになる.この事実に基づき xy-平面上に解軌道のおおよその状況を図示することができる (図 7.6).

第5章でも紹介したように,このような図を系 (7.5) の**相図**という.また,xy-平面を相図を表示する舞台とみなすときには**相平面**とよぶことがある.

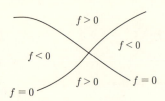 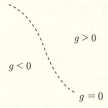

図 7.2

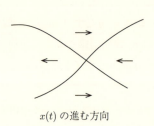 

$x(t)$ の進む方向　　　　　　　　　$y(t)$ の進む方向

図 7.3

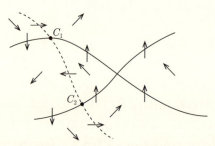

図 7.4　2 点 C_1, C_2 は平衡点

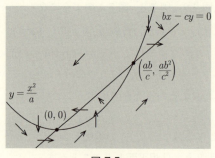 

図 7.5　　　　　　　　　　　図 7.6

さて，この相図より平衡点について以下のことが予想できよう．

・平衡点 $(0,0)$ の近くの解は左回りに $\lim_{t\to\infty}(x(t),y(t)) = (0,0)$ となるのか？

・平衡点 $\left(\dfrac{ab}{c},\dfrac{ab^2}{c^2}\right)$ の近くの解は $\lim_{t\to\infty}(x(t),y(t)) = \left(\dfrac{ab}{c},\dfrac{ab^2}{c^2}\right)$ となる場合とそうではない場合があるようにみえるがどうなのか？

はたしてこの予想は正しいのであろうか？　そのためには平衡点の性質，特に，その近くでの解の挙動をもう少し調べる必要がある．

問 7.1　次の力学系の平衡点，ヌルクラインを求め図示せよ．また，各点における解軌道の接ベクトルの方向を図示し，その概形を描け．

(1) $x' = -x + 6y - 3y^2, \quad y' = -x$

(2) $x' = y, \quad y' = y^2 - x^2 - 2y + 2x$

(3) $x' = -y + x^k, \quad y' = -x + y^m \quad (k, m \geq 2$ は奇整数$)$

(4) $x' = x - y - 2, \quad y' = -x + x^2$

7.3　平衡点の周りでの線形近似

平衡点の近くでの解の状況を調べる有用な解析法の一つに線形近似とよばれるものがある．この概念をまず実例を用いて紹介しよう．例 7.1(2) の抵抗を考慮した単振り子の運動を記述する力学系 (7.2) を思い出そう．大学初年次の力学の授業等でこの方程式に関して次のように学んだであろう．

振り子の振れ幅 x が十分小さいとき，つまり $x \fallingdotseq 0$ のとき $\sin x \fallingdotseq x$ なので，方程式 (7.2) は

$$x'' + ax' + bx = 0 \tag{7.7}$$

と考えてよい．よって方程式 (7.2) の解の挙動は方程式 (7.7) の解の挙動で十分精度良く近似できる．

方程式 (7.7) は第 3 章で学んだように具体的に解けるので，$a, b > 0$ であることから，"振れ幅 x が十分小さいならば (7.7) の解 $x(t)$ はすべて $\lim_{t\to\infty} x(t) = \lim_{t\to\infty} x'(t) = 0$ となる"と結論づけられる．

この考え方は正しいのであろうか？ 本節ではこのような事実に対する数学的裏づけを与えよう．

まず，力学系の平衡点に対して以下のような概念を導入する．この概念は一般の n 次元力学系に対しても用いられるので，定義も一般次元で与えておく．なお，以下ではベクトル $\boldsymbol{v} = (v_1, v_2, \cdots, v_n)$ の長さ (大きさ) を $\|\boldsymbol{v}\| = \sqrt{v_1^2 + v_2^2 + \cdots + v_n^2}$ で表し，2つのベクトル $\boldsymbol{u}, \boldsymbol{v}$ の内積を $(\boldsymbol{u}, \boldsymbol{v})$ で表すことにする．

定義 7.5 $\boldsymbol{a}$ を力学系 (7.1) の平衡点とする．

(1) 次が成り立つとき $\boldsymbol{a}$ を**安定な平衡点**という．任意の $\varepsilon > 0$ に対して $\delta = \delta_\varepsilon > 0$ をうまく選んで，初期値 $\boldsymbol{x}(0)$ が $\|\boldsymbol{x}(0) - \boldsymbol{a}\| < \delta$ を満たす解 $\boldsymbol{x}(t)$ が

$$t \geq 0 \quad \text{ならば} \quad \|\boldsymbol{x}(t) - \boldsymbol{a}\| < \varepsilon$$

となるようにできる (図 7.7)．

(2) 安定な平衡点 $\boldsymbol{a}$ は，さらに次を満たすとき**漸近安定**とよばれる．$\boldsymbol{a}$ に十分近い初期値をもつ解 $\boldsymbol{x}(t)$ はすべて $\lim_{t \to \infty} \boldsymbol{x}(t) = \boldsymbol{a}$，つまり，次のような定数 $r_0 > 0$ が存在する (図 7.8)．

$$\|\boldsymbol{x}(0) - \boldsymbol{a}\| < r_0 \quad \text{を満たす解} \ \boldsymbol{x}(t) \ \text{は} \quad \lim_{t \to \infty} \boldsymbol{x}(t) = \boldsymbol{a}.$$

(3) 安定ではない平衡点は**不安定な平衡点**とよばれる．

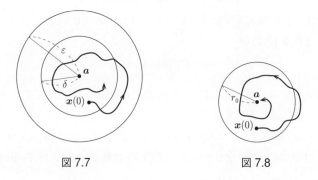

図 7.7　　　　　　　　図 7.8

7.3 平衡点の周りでの線形近似

○例 **7.4** A を 2 次の実行列とする．力学系 $x' = Ax$ において原点は平衡点である．A の固有値を λ_1, λ_2 としよう．これらは一般には複素数である．また，固有値が 1 つしかないとき ($\lambda_1 = \lambda_2$) もある．第 4 章の結果により，固有値の実部を用いてこの力学系の原点の安定性が以下のように分類できる．

(1) $\operatorname{Re}\lambda_1, \operatorname{Re}\lambda_2 < 0$ のとき，原点は漸近安定．
(2) $\operatorname{Re}\lambda_1 > 0$ または $\operatorname{Re}\lambda_2 > 0$ のとき，原点は不安定． □

n 次元力学系 (7.1)，すなわち $x' = f(x)$ を考えよう．ここにおいて $f(x) = (f_i(x_1, x_2, \cdots, x_n))$ は C^1-級とする．$x = a$ をこの力学系の平衡点とする．$f(a) = 0$ なので平均値の定理より

$$f(x) = f(x) - f(a) = \frac{\partial f}{\partial x}(a)(x-a) + g(x)$$

と変形できる．ここで

$$\frac{\partial f}{\partial x}(a) = \begin{pmatrix} \frac{\partial f_1}{\partial x_1}(a) & \frac{\partial f_1}{\partial x_2}(a) & \cdots & \frac{\partial f_1}{\partial x_n}(a) \\ \frac{\partial f_2}{\partial x_1}(a) & \frac{\partial f_2}{\partial x_2}(a) & \cdots & \frac{\partial f_2}{\partial x_n}(a) \\ \vdots & \vdots & \ddots & \vdots \\ \frac{\partial f_n}{\partial x_1}(a) & \frac{\partial f_n}{\partial x_2}(a) & \cdots & \frac{\partial f_n}{\partial x_n}(a) \end{pmatrix}$$

は点 a における $f(x)$ の関数行列 (ヤコビ (Jacobi) 行列) であり，$g(x)$ は

$$\lim_{x \to a} \frac{\|g(x)\|}{\|x-a\|} = 0$$

となるある連続関数である．(読者は確認せよ．) よって $D = \dfrac{\partial f(a)}{\partial x}$, $y = x - a$, $h(y) = g(y+a)$ とおけば，力学系 (7.1) は

$$y' = Dy + h(y), \quad \lim_{y \to 0} \frac{\|h(y)\|}{\|y\|} = 0 \tag{7.8}$$

の形になる．系 (7.1) の平衡点 $x = a$ の近くでの解の挙動を考えることは系 (7.8) の平衡点 $y = 0$ の近くでの解の挙動を考えることにあたる．

そこで以下では簡単のため，次のタイプの 2 次元力学系を詳細に調べることにしよう．

$$x' = Ax + g(x), \tag{7.9}$$

ただし, A は 2 次の定数実行列, $g(x)$ は原点の近くで定義される連続関数で

$$\lim_{x \to 0} \frac{\|g(x)\|}{\|x\|} = 0 \tag{7.10}$$

を満たすものとする. 原点 $\mathbf{0}$ はこの系の平衡点である. この系 (7.9) に対して $g(x)$ を摂動項とよぶことがある. また, 摂動項を取り去った系 $x' = Ax$ を系 (7.9) の線形近似とよぶこともある.

解 $x(t)$ が十分小さいときは $g(x)$ の性質 (7.10) により系 (7.9) において $g(x)$ はほとんど無視可能と考えられる. つまり, そのような解は, ほぼ線形近似 $x' = Ax$ の解と同じような挙動をもつと予想できる. 実際, そのことはほとんどの場合に正当化できる. そのことを示すのが本節の主目的である.

例 7.4 に対応して次のことがわかる (定理 7.5 と定理 7.6).

定理 7.5 A の固有値の実部がすべて負ならば $\mathbf{0}$ は力学系 (7.9) の漸近安定な平衡点となる.

証明. 次の 3 つに場合分けして証明しよう.
 (i) A が実固有値 $-\alpha, -\beta < 0$ をもち, 対角化可能なとき.
 (ii) A はただ一つの実固有値 $-\alpha < 0$ をもち, 対角化不可能なとき.
 (iii) A は虚数の固有値 $-\mu \pm \nu i \, (\mu, \nu > 0)$ をもつとき.

まず (i) の場合: Web 付章 定理 8.3 により

$$P^{-1}AP = \begin{pmatrix} -\alpha & 0 \\ 0 & -\beta \end{pmatrix} \equiv B$$

となる 2 次行列 A が存在する. そこで $x = Py$, つまり $y = P^{-1}x$ とおくと, 力学系 (7.9) は

$$y' = By + P^{-1}g(Py)$$

に変換される. この方程式は

$$y' = By + h(y),$$

ただし,

$$h(y) \equiv P^{-1}g(Py), \quad \lim_{x \to 0} \frac{\|h(y)\|}{\|y\|} = 0 \tag{7.11}$$

7.3 平衡点の周りでの線形近似

の形である．この y の方程式において，原点が漸近安定であることを示せばよい．

$\min\{\alpha,\beta\} = \gamma > 0$ とおく．(7.11) により

$$\|y\| \leq \delta_0 \quad \text{ならば} \quad \|h(y)\| \leq \frac{\gamma}{2}\|y\| \tag{7.12}$$

となる $\delta_0 > 0$ をとることができる．さて，方程式系より

$$\frac{1}{2}\left(\|y(t)\|^2\right)' = \frac{1}{2}\{(y(t), y(t))\}' = (y(t), y'(t)) = {}^t y(t) y'(t)$$
$$= {}^t y(t) B y(t) + (y(t), h(y(t))).$$

ここで $B, \gamma\ (>0)$ の定義とベクトルの内積に関するシュワルツの不等式により

$$\frac{1}{2}\left(\|y(t)\|^2\right)' \leq -\gamma \|y(t)\|^2 + \|y(t)\| \cdot \|h(y(t))\|. \tag{7.13}$$

いま，$y(0) \neq \mathbf{0}$ を十分小で $0 < \|y(0)\| < \delta_0$ とする．このとき，$t \geq 0$ においてやはり $0 < \|y(t)\| < \delta_0$ となることを示そう．実際，そうでないとすると

$$0 \leq t < T \quad \text{ならば} \quad \|y(t)\| < \delta_0; \quad \|y(T)\| = \delta_0$$

となる時刻 $T > 0$ が存在する．(7.13) と δ_0 の定義 (7.12) により，$0 \leq t \leq T$ のとき

$$\frac{1}{2}\left(\|y(t)\|^2\right)' \leq -\gamma\|y(t)\|^2 + \frac{\gamma}{2}\|y(t)\|^2 = -\frac{\gamma}{2}\|y(t)\|^2$$

となる．つまり $0 \leq t \leq T$ のとき

$$\|y(t)\| \leq \|y(0)\| e^{-\gamma t/2}. \tag{7.14}$$

よって，$t = T$ として $\delta_0 = \|y(T)\| \leq \|y(0)\| e^{-\gamma T/2} < \delta_0$ という矛盾を得る．したがって，すべての $t \geq 0$ において $\|y(t)\| < \delta_0$ となる．すると，(7.14) もすべての $t \geq 0$ に対して成り立つことになり，これより平衡点 $\mathbf{0}$ は漸近安定であることが容易にわかる．

(ii) Web 付章 定理 8.3 により

$$P^{-1}AP = \begin{pmatrix} -\alpha & 1 \\ 0 & -\alpha \end{pmatrix} \equiv B$$

となる 2 次行列 A が存在する．よって $x = Py$ とおくと，力学系 (7.9) は

$$y' = By + P^{-1}g(Py)$$

に変換される．さらに正数 ρ に対して

$$\boldsymbol{y} = Q\boldsymbol{z}, \quad Q = \begin{pmatrix} 1 & 0 \\ 0 & \rho \end{pmatrix}$$

とおくと，力学系

$$\boldsymbol{z}' = \begin{pmatrix} -\alpha & \rho \\ 0 & -\alpha \end{pmatrix} \boldsymbol{z} + \boldsymbol{h}(\boldsymbol{z}), \quad \boldsymbol{h}(\boldsymbol{z}) \equiv Q^{-1} P^{-1} \boldsymbol{g}(PQ\boldsymbol{y})$$

に変換される．以下，ρ は $\rho < \dfrac{\alpha}{4}$ と十分小さくとっておく．この力学系で $\mathbf{0}$ が漸近安定な平衡点となることを示せばよい．$\boldsymbol{z} = (z_1, z_2)$ とおくと

$$\frac{1}{2} \left(\|\boldsymbol{z}(t)\|^2 \right)' = -\alpha \|\boldsymbol{z}(t)\|^2 + \rho z_1(t) z_2(t) + (\boldsymbol{z}(t), \boldsymbol{h}(\boldsymbol{z}(t)))$$

$$\leq -\alpha \|\boldsymbol{z}(t)\|^2 + \frac{\rho}{2}(z_1(t)^2 + z_2(t)^2) + \|\boldsymbol{z}(t)\| \cdot \|\boldsymbol{h}(\boldsymbol{z}(t))\|$$

なので，以下 (i) と同様に考察していけばよい．

(iii) Web 付章 定理 8.3 により

$$P^{-1} A P = \begin{pmatrix} -\mu & \nu \\ -\nu & -\mu \end{pmatrix}$$

となる 2 次行列 A が存在する．よって $\boldsymbol{x} = P\boldsymbol{y}$ とおくと，力学系 (7.9) は

$$\boldsymbol{y}' = \begin{pmatrix} -\mu & \nu \\ -\nu & -\mu \end{pmatrix} \boldsymbol{y} + \boldsymbol{h}(\boldsymbol{y}) \tag{7.15}$$

に変換される．ただし

$$\boldsymbol{h}(\boldsymbol{y}) \equiv P^{-1} \boldsymbol{g}(P\boldsymbol{y}), \quad \lim_{\boldsymbol{y} \to 0} \frac{\|\boldsymbol{h}(\boldsymbol{y})\|}{\|\boldsymbol{y}\|} = 0$$

の形である．(i) と同様にして

$$\frac{1}{2} \left(\|\boldsymbol{y}(t)\|^2 \right)' = -\mu \|\boldsymbol{y}(t)\|^2 + (\boldsymbol{y}(t), \boldsymbol{h}(\boldsymbol{y}(t)))$$

を得るので，以下 (i) と同様に考察していけばよい． □

注意 7.3 上記の証明中の (iii) の場合，"摂動"をはずした力学系

$$\boldsymbol{y}' = \begin{pmatrix} -\mu & \nu \\ -\nu & -\mu \end{pmatrix} \boldsymbol{y}$$

7.3 平衡点の周りでの線形近似

の一般解は

$$\boldsymbol{y}(t) = \begin{pmatrix} ce^{-\mu t} \sin(\nu t + \beta) \\ ce^{-\mu t} \cos(\nu t + \beta) \end{pmatrix} \quad (c, \beta \text{ は任意定数})$$

であり，この解軌道は $t \to \infty$ では原点の周りを無限回まわりながら原点に収束していくらせんを表している．よって，すでに $\lim_{t \to \infty} \boldsymbol{y}(t) = \boldsymbol{0}$ が証明された (7.15) の解 $\boldsymbol{y}(t)$ もそのように振る舞うと予想される．それを極座標を用いて証明しよう．

力学系 (7.15) において $\boldsymbol{y} = (y_1, y_2), \boldsymbol{h}(\boldsymbol{y}) = (h_1(y_1, y_2), h_2(y_1, y_2))$ と成分表示する．そして

$$y_1(t) = r(t) \cos \theta(t), \quad y_2(t) = r(t) \sin \theta(t) \quad (\text{つまり } r(t) = \|\boldsymbol{y}(t)\|)$$

とおくと，r, θ に対する力学系

$$\begin{cases} \dfrac{dr}{dt} = -\mu r + \cos \theta \cdot h_1(r \cos \theta, r \sin \theta) + \sin \theta \cdot h_2(r \cos \theta, r \sin \theta), \\ \dfrac{d\theta}{dt} = -2\nu + \dfrac{1}{r}\{\cos \theta \cdot h_2(r \cos \theta, r \sin \theta) - \sin \theta \cdot h_1(r \cos \theta, r \sin \theta)\} \end{cases} \quad (7.16)$$

を得る．$\theta(t)$ は (7.15) の解 $\boldsymbol{y} = (y_1, y_2)$ に対してベクトル $\boldsymbol{y}$ が y_1-軸となす角の大きさを表している．$\lim_{\boldsymbol{y} \to \boldsymbol{0}} \dfrac{\|\boldsymbol{h}(\boldsymbol{y})\|}{\|\boldsymbol{y}\|} = 0$ なので，十分小さな $\delta_0 > 0$ をもってきて

$$\|\boldsymbol{y}\| < \delta_0 \quad \text{ならば} \quad \|\boldsymbol{h}(\boldsymbol{y})\| \leq \nu \|\boldsymbol{y}\|$$

とできる．一方，定理 7.5 の証明ですでに，$t \to \infty$ のとき $r(t) = \|\boldsymbol{y}(t)\| \to 0$ は得られているので，十分大きな時刻 $T > 0$ に対して

$$t \geq T \quad \text{ならば} \quad r(t) < \delta_0$$

とできる．つまり，$t \geq T$ のとき (7.16) の第 2 式の右辺において

$$\left| \dfrac{1}{r}\{\cos \theta \cdot h_2(r \cos \theta, r \sin \theta) - \sin \theta \cdot h_1(r \cos \theta, r \sin \theta)\} \right| \leq \nu$$

を得る．よって，$t \geq T$ ならば $\dfrac{d\theta}{dt} \leq -2\nu + \nu = -\nu$ となり，積分して

$$t \geq T \quad \text{ならば} \quad \theta(t) \leq \theta(T) - \nu(t - T)$$

である．これより $\lim_{t \to \infty} \theta(t) = -\infty$ がわかり，$\lim_{t \to \infty} r(t) = 0$ とあわせて，解 $\boldsymbol{y}(t)$ が (したがって力学系 (7.9) の解 $\boldsymbol{x}(t)$ が) 原点の周りを無限回まわりながら原点に収束していくことがわかる． □

> **定理 7.6** A の固有値に実部が正のものが存在すれば，力学系 (7.9) の平衡点 $\mathbf{0}$ は不安定となる．

証明． 平衡点 $\mathbf{0}$ が安定だと仮定して矛盾を導こう．ここでは簡単のため，A の固有値が $\alpha, -\beta\,(\alpha, \beta > 0)$ として考えよう．他の場合も同様である．

定理 7.5 の (i) の場合の証明と同様に，ある正則行列 P に対して $\boldsymbol{x} = P\boldsymbol{y} = P\begin{pmatrix} y_1 \\ y_2 \end{pmatrix}$ とおくと

$$\boldsymbol{y}' = \begin{pmatrix} \alpha & 0 \\ 0 & -\beta \end{pmatrix} \boldsymbol{y} + \boldsymbol{h}(\boldsymbol{y}), \quad \boldsymbol{h}(\boldsymbol{y}) \equiv P^{-1}\boldsymbol{g}(P\boldsymbol{y}) = \begin{pmatrix} h_1(y_1, y_2) \\ h_2(y_1, y_2) \end{pmatrix}$$

とできる．この変換された系でも平衡点 $\mathbf{0}$ は安定である．定数 $\gamma > 0$ を $\alpha - 2\gamma > 0$ かつ $\alpha + \beta > 4\gamma$ のように十分小さくとろう．いままでと同様にして

$$\|\boldsymbol{y}\| < \varepsilon_0 \quad \text{ならば} \quad \|\boldsymbol{h}(\boldsymbol{y})\| \leq \gamma \|\boldsymbol{y}\| \tag{7.17}$$

となる正数 ε_0 の存在がわかる．特異点 $\mathbf{0}$ が安定だと仮定しているので，この ε_0 に対して解 $\boldsymbol{y}(t) = (y_1(t), y_2(t))$ が

$$\|\boldsymbol{y}(0)\| < \delta_0 \text{ を満たせば } t \geq 0 \text{ において } \|\boldsymbol{y}(t)\| \leq \varepsilon_0 \tag{7.18}$$

となるような正数 δ_0 が存在する．以下，このような解 $\boldsymbol{y} = (y_1, y_2)$ について考える．(7.17) を用いて

$$\left(\frac{1}{2}y_1^2\right)' = \alpha y_1^2 + y_1 h_1(y_1, y_2) \geq \alpha y_1^2 - \gamma |y_1|(|y_1| + |y_2|)$$
$$\geq (\alpha - \gamma)y_1^2 - \frac{\gamma}{2}(y_1^2 + y_2^2) = \left(\alpha - \frac{3}{2}\gamma\right)y_1^2 - \frac{\gamma}{2}y_2^2,$$

$$\left(\frac{1}{2}y_2^2\right)' = -\beta y_2^2 + y_2 h_2(y_1, y_2) \leq -\beta y_2^2 + \gamma |y_2|(|y_1| + |y_2|)$$
$$\leq -(\beta - \gamma)y_2^2 + \frac{\gamma}{2}(y_1^2 + y_2^2) = -\left(\beta - \frac{3}{2}\gamma\right)y_2^2 + \frac{\gamma}{2}y_1^2$$

より

$$\frac{1}{2}(y_1^2 - y_2^2)' \geq (\alpha - 2\gamma)y_1^2 + (\beta - 2\gamma)y_2^2 \geq (\alpha - 2\gamma)(y_1^2 - y_2^2)$$

7.3 平衡点の周りでの線形近似

を得る．これより

$$y_1(t)^2 - y_2(t)^2 \geq (y_1(0)^2 - y_2(0)^2)e^{2(\alpha-2\gamma)t}.$$

よって $\|\boldsymbol{y}(0)\| < \delta_0$ だけれど $|y_1(0)| > |y_2(0)|$ となっていると $\lim_{t\to\infty}(y_1(t)^2 - y_2(t)^2) = \infty$, つまり $\lim_{t\to\infty} y_1(t)^2 = \infty$ という (7.18) に対する矛盾がでてきてしまう． □

注意 7.4 定理 7.5 と定理 7.6 は n 次元の力学系に対してもそのまま成り立つ．証明も本質的に同じである．

○**例 7.5** (1) 例 7.3(1) の力学系 (7.5) を考えよう．点 (x,y) におけるヤコビ行列 $J(x,y)$ は $J(x,y) = \begin{pmatrix} 2x & -a \\ b & -c \end{pmatrix}$ である．前節の粗い解析では，平衡点 $\boldsymbol{0}$ の周りでの解軌道の状況がよくわからなかった．$J(0,0) = \begin{pmatrix} 0 & -a \\ b & -c \end{pmatrix}$ でその固有値は $(-c \pm \sqrt{c^2 - 4ab})/2$ なので，2 つの固有値の実部はともに負である．よって定理 7.5 により，原点 $\boldsymbol{0}$ は漸近安定な平衡点とわかる．つまり，原点の十分近くに初期値をもつ解 $\boldsymbol{x}(t)$ はすべて $\lim_{t\to\infty}\boldsymbol{x}(t) = \boldsymbol{0}$ である．なお，注意 7.2 で述べたように，$c^2 - 4ab < 0$ ならばこの解 $\boldsymbol{x}(t)$ は原点の周りを無限回まわりながら原点に収束していく．

(2) 本節の冒頭で言及した単振り子の運動に関する力学系 (7.2)，すなわち

$$\begin{cases} x' = y, \\ y' = -b\sin x - ay \end{cases} \tag{7.19}$$

を考えよう．平衡点は $(n\pi, 0)$ $(n = 0, \pm 1, \pm 2, \cdots)$ である．特に原点 $(0,0)$ に注目しよう．この力学系の点 (x,y) におけるヤコビ行列は $J(x,y) = \begin{pmatrix} 0 & 1 \\ -b\cos x & -a \end{pmatrix}$ なので，$J(0,0) = \begin{pmatrix} 0 & 1 \\ -b & -a \end{pmatrix}$．これは力学系 7.19 を，原点の近くでは線形方程式

$$\begin{cases} x' = y, \\ y' = -bx - ay \end{cases}$$

で近似したことになる．つまり，方程式 (7.2) を方程式 $x'' + ax' + bx = 0$ で近似したことになる．そして，$a, b > 0$ より原点は力学系 (7.19) の漸近安定な

平衡点とわかる. □

問 7.2 例 7.3(1) の力学系 (7.5) の平衡点 $\left(\dfrac{ab}{c}, \dfrac{ab^2}{c^2}\right)$ の安定性を判定せよ.

問 7.3 前節の問 7.1 で与えた各力学系の平衡点の安定性を判定せよ.

問 7.4 力学系 $\begin{cases} x' = -y + x^3, \\ y' = y + e^{-x} - \cos x \end{cases}$ の平衡点 $(0,0)$ の安定性を判定せよ.

7.4 周期解

本節では例 7.2 で考察したような周期解について考える. まず著名な次の例から考えてみよう.

○**例 7.6** (ロトカ・ヴォルテラ (Lotka-Volterra) の捕食者−被捕食者モデル) $a, b, c, d > 0$ を定数として, 2 次元力学系

$$\begin{cases} x' = ax - bxy, \\ y' = -cy + dxy \end{cases} \tag{7.20}$$

を考えよう. この系の解 $(x(t), y(t))$ で $x(0), y(0) > 0$ なものは, つねに $x(t), y(t) > 0$ になること, すなわち, 解が第 1 象限にとどまることが証明できる. ここではそういう解のみ考えることにする. 解の $t \to \infty$ での振る舞いを調べよう.

第 1 象限内の特異点は $A = \left(\dfrac{c}{d}, \dfrac{a}{b}\right)$ ただ一つである. 点 A でのヤコビ行列は $\begin{pmatrix} 0 & -bc/d \\ ad/b & 0 \end{pmatrix}$ なので, これの固有値が $\pm i\sqrt{ac}$ であることから定理 7.5, 7.6 はまったく役立たない.

そこで, 第 1 象限内における系 (7.20) のベクトル場を調べてみよう. それは図 7.9 のようになっている.

残念ながら, このベクトル場の状況のみから解の振る舞いは読み取れないであろう. 解は周期解のようにみえるが, らせん状に点 A に収束していくようにもみえる. あるいは, らせん状に点 A から遠ざかっていくとも考えられる. 実際はどうなっているのか?

7.4 周期解

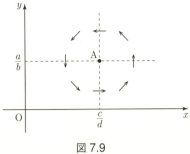

図 7.9

天下り的ではあるが，解 $(x(t), y(t))$ に対して次の関数 $v(t)$ を考えよう．
$$v(t) = a \log y(t) - by(t) - dx(t) + c \log x(t)$$

$(x(t), y(t))$ が (7.20) の解であることを用いて導関数を求めると，$v'(t) \equiv 0$ とわかる．よって $v(t) \equiv$ 定数 となる．つまり
$$a \log y(t) - by(t) - dx(t) + c \log x(t) \equiv C \quad (C \text{ は定数})$$

となる．これは 2 変数関数 $F(x,y) = a \log y - by - dx + c \log x$ に対して解 $(x(t), y(t))$ がつねに第 1 象限内の集合 $\{(x,y) \mid F(x,y) = C\}$ の上に乗ることを意味している．この関数 $z = F(x,y)$ は点 A を第 1 象限内でのただ一つの極値点 (極大) とし，点 A 以外では勾配ベクトル $(F_x, F_y) \neq (0,0)$ である．さらに点 (x,y) が x 軸，y 軸，および第 1 象限内での無限遠点に近づくときに $F(x,y) \to -\infty$ である．よって，集合 $\{(x,y) \mid F(x,y) = C\}$ は第 1 象限内の (自分自身と交わらない) 閉曲線を表す (図 7.10)．このことより，平衡点 A 以外の解 $(x(t), y(t))$ は曲線 $F(x,y) = 0$ の上を左回りに動く周期解になることがわかる (図 7.11)． □

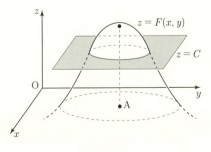

図 7.10

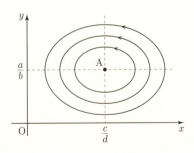

図 7.11

いまの例では，幸いにしてうまい補助的関数を用いて周期解の存在が確認できたが，一般には周期解が存在するか否かを判定するのは困難なことも多い．ここでは，平面上の力学系に関する大変著名な周期解の存在定理を紹介する．なお証明は割愛する．

> **定理 7.7 (ポアンカレ・ベンディクソン (Poincaré-Bendixson) の定理)**
> 平面上の力学系 (7.6) の一つの解 $(x(t), y(t))$ の正の解軌道 $\{(x(t), y(t)) \mid t \geq 0\}$ がある有界閉集合 K に含まれ，K が平衡点を含まなければ，K 内に系 (7.6) の周期解が存在する．

注意 7.5 (1) 上記の定理中の「有界閉集合」とは「有限の範囲に収まっている」かつ「境界を含む」という性質をもつ集合である．例えば，不等式 $x^2 + y^2 \leq 1$ や $1 \leq x^2 + y^2 \leq 2$ で表される集合がその例である．

(2) この定理では，平面上の力学系という前提が本質的である．実際，3 次元以上の力学系ではこの定理はそのままでは成立しない．

逆に，周期解が存在しないことを保証する定理もある．

> **定理 7.8 (ベンディクソン (Bendixson) の定理)** $f(x, y), g(x, y)$ が平面上の単連結集合 (いわゆる "穴" が開いていない集合) D において
> $$f_x(x, y) + g_y(x, y) \neq 0$$
> を満たす C^1-級関数ならば，力学系 (7.6) は D 内に周期解をもたない．

証明． 背理法で証明する．

周期解が存在するとして，その解軌道を C とし，C が囲む集合を E，周期を T とする．次の積分を考えよう．
$$I = \iint_E (f_x(x, y) + g_y(x, y)) \, dxdy$$

f, g は C^1-級なので，仮定より "つねに $f_x + g_y > 0$" か "つねに $f_x + g_y < 0$" のいずれか一つのみ成立する．よって，特に $I \neq 0$ である．

一方，E の内部に "穴" はないので，よく知られたグリーン (Green) の公式により，I は次の線積分の形に書き換えられる．

7.4 周期解

$$I = \int_C (-g(x,y)\,dx + f(x,y)\,dy)$$

解軌道 C のパラメータ表示として，解 $(x(t), y(t))$ を用いて I の値を計算すると，

$$I = \int_0^T \{-g(x(t),y(t))x'(t) + f(x(t),y(t))y'(t)\}\,dt$$
$$= \int_0^T \{-g(x(t),y(t))f(x(t),y(t)) + f(x(t),y(t))g(x(t),y(t))\}\,dt = 0.$$

これは $I \neq 0$ に矛盾する． □

○例 **7.7** 力学系

$$\begin{cases} x' = x - y - x\sqrt{2x^2 + y^2}, \\ y' = x + y - y\sqrt{2x^2 + y^2} \end{cases}$$

を考えよう．まず，平衡点は原点のみであることがわかる．解 $(x(t), y(t))$ に対して $v(t) = x(t)^2 + y(t)^2$ とおこう．方程式を用いて $v'(t)$ を計算すると

$$\frac{v'(t)}{2} = \{x(t)^2 + y(t)^2\}\{1 - 2x(t)^2 - y(t)^2\}.$$

よって，$x(t)^2 + y(t)^2 = \dfrac{1}{4}$ となる時刻 t において，

$$\frac{v'(t)}{2} = \frac{1}{4}\left(1 - \frac{1}{4} - x(t)^2\right) > \frac{1}{8} > 0$$

となる．これは時刻 $t = 0$ のときに集合 $x^2 + y^2 > \dfrac{1}{4}$ 内の点から出発した解 $(x(t), y(t))$ が集合 $x^2 + y^2 \leq \dfrac{1}{4}$ にその外側から入ることはできないことを意味している．同様に，$x(t)^2 + y(t)^2 = 4$ となる時刻 t において，

$$\frac{v'(t)}{2} = 4\left(1 - 4 - x(t)^2\right) < -12 < 0$$

となる．これは時刻 $t = 0$ のときに集合 $x^2 + y^2 < 4$ 内の点から出発した解 $(x(t), y(t))$ が集合 $x^2 + y^2 \leq 4$ から出ていくことはできないことを意味している．よって，集合 $K = \left\{(x,y) \,\middle|\, \dfrac{1}{4} \leq x^2 + y^2 \leq 4\right\}$ 内に初期値 $(x(0), y(0))$

をもつ解の解軌道はつねに K 内にとどまる．K 内には平衡点はないので，定理 7.7 により，この力学系は K 内に周期解をもつことがわかる． □

○例 **7.8** 単振り子の運動に関する力学系 (7.2)，すなわち
$$\begin{cases} x' = y, \\ y' = -b\sin x - ay \end{cases}$$
を再び取り上げよう ($a, b > 0$ は定数)．
$$(y)_x + (-b\sin x - ay)_y \equiv -a < 0$$
なので定理 7.8 により，この系は決して周期解をもたない． □

問 7.5 次の力学系は周期解をもたないことを示せ．
(1) $x' = -y + x^3$, $\quad y' = -x + y + y^3$
(2) $x' = y, y' = f(x)y + g(x)$ (f, g は C^1-関数で $f(x) \neq 0$ なものとする．)

章末問題

1. a, b を定数とする．次の力学系の平衡点をすべて求めよ．
$$\begin{cases} x' = (a+1)x + (b+1)y - y^2 + xy, \\ y' = ax + by - x^2 + xy. \end{cases}$$

2. $a \neq 0$ を定数とする．力学系 $\begin{cases} x' = -y + x^3, \\ y' = x + ay + y^3 \end{cases}$ の平衡点 $(0, 0)$ が漸近安定となるための a の条件を求めよ．

3. 力学系 $\begin{cases} x' = -x + y(2-x), \\ y' = -y + x(2-y) \end{cases}$ を考える．
 (1) 平衡点，ヌルクラインを求め図示せよ．
 (2) 各平衡点の安定性を判定せよ．また，解軌道の概形を描け．
 (3) 境界を込めた第 1 象限 $x, y \geq 0$ には周期解が存在しないことを示せ．

4. $a, b, c, p, q, r > 0$ を定数で $\dfrac{b}{q} > \dfrac{a}{p} > \dfrac{c}{r}$ を満たすものとする．力学系
$$\begin{cases} x' = x(a - bx - cy), \\ y' = y(p - qx - ry) \end{cases}$$
は第 1 象限内に平衡点をもつことを示し，その安定性を判定せよ．また，第 1 象限内の解の解軌道の概形を描け．

5. 力学系

$$\begin{cases} x' = x - y - x\sqrt{x^2 + y^2}, \\ y' = x + y - y\sqrt{x^2 + y^2} \end{cases}$$

を考えよう．

(1) 平衡点は原点 $(0,0)$ のみであることを示せ．

(2) 解 (ベクトル) $(x(t), y(t))$ に対して，その長さを $r(t) = \sqrt{x(t)^2 + y(t)^2}$ とする．$r'\left(\dfrac{1}{2}\right) < 0$, $r'(2) > 0$ を示せ．

(3) 閉円環 $\dfrac{1}{4} \leq x^2 + y^2 \leq 4$ に含まれる周期解が存在することを示せ．

6. (定理 7.8 の一般化) ある C^1-関数 $p(x, y)$ に対して $(pf)_x + (pg)_y \neq 0$ ならば力学系 (7.6) は周期解をもたないことを示せ．

7. 例 7.6 で取り上げた力学系 (7.20) において，y を x の関数 $y(x)$ と考えることにする．(7.16) の第 1 方程式と第 2 方程式を辺々割り算することにより

$$\frac{dy}{dx} = \frac{y(dx - c)}{x(a - by)}$$

という 1 階変数分離形微分方程式を得る．これを具体的に解くことにより例 7.6 で示した解 $(x(t), y(t))$ の性質．

$$a \log y(t) - by(t) - dx(t) + c \log x(t) \equiv \text{ある定数}$$

を示せ．

定義および公式集

微 分 法

導関数 (微分) の定義： $f'(x) = \lim_{h \to 0} \dfrac{f(x+h) - f(x)}{h}$

積の導関数： $(f(x)g(x))' = f'(x)g(x) + f(x)g'(x)$

分数関数の導関数： $\left(\dfrac{f(x)}{g(x)}\right)' = \dfrac{f'(x)g(x) - f(x)g'(x)}{g(x)^2}$

合成関数の導関数： $f(g(x))' = f'(g(x))g'(x)$

ライプニッツの公式： $(f(x)g(x))^{(n)} = \sum_{k=0}^{n} {}_n\mathrm{C}_k f^{(k)}(x) g^{(n-k)}(x)$

逆関数の導関数： $f(x)$ の逆関数 $g(x) = f^{-1}(x)$ について $g'(x) = \dfrac{1}{f'(g(x))}$.

C^n-級関数： n 階までの導関数 $f(x), f'(x), \cdots, f^{(n)}(x)$ が存在し，しかも $f^{(n)}(x)$ が連続関数であるような関数 $f(x)$ のこと．

定理 1 (テイラーの定理) $f(x)$ を n 回微分可能な関数とする．このとき
$$f(x) = f(a) + f'(a)(x-a) + \dfrac{f''(a)}{2}(x-a)^2 + \cdots$$
$$+ \dfrac{f^{(n-1)}(a)}{(n-1)!}(x-a)^{n-1} + R_n,$$
ただし，$R_n = \dfrac{f^{(n)}(a + \theta(x-a))}{n!}(x-a)^n$ となる実数 $0 < \theta < 1$ が存在する．

$f(x)$ の $x = a$ における**テイラー展開**とは
$$f(a) + f'(a)(x-a) + \dfrac{f''(a)}{2}(x-a)^2 + \cdots + \dfrac{f^{(n)}(a)}{n!}(x-a)^n + \cdots$$
のことである．テイラーの定理により，多くの場合 $f(x)$ と一致する．$x = 0$ におけるテイラー展開は特に**マクローリン展開**とよばれる．
$$f(0) + f'(0)x + \dfrac{f''(0)}{2}x^2 + \cdots + \dfrac{f^{(n)}(0)}{n!}x^n + \cdots$$

代表的な関数のマクローリン展開：

$$e^x = 1 + x + \frac{1}{2}x^2 + \frac{1}{3!}x^3 + \cdots + \frac{1}{n!}x^n + \cdots$$

$$\cos x = 1 - \frac{1}{2}x^2 + \frac{1}{4!}x^4 - \cdots + (-1)^n \frac{1}{(2n)!}x^{2n} + \cdots$$

$$\sin x = x - \frac{1}{3!}x^3 + \frac{1}{5!}x^5 - \cdots + (-1)^n \frac{1}{(2n+1)!}x^{2n+1} + \cdots$$

$$\log(1+x) = x - \frac{1}{2}x^2 + \frac{1}{3}x^3 + \cdots + (-1)^n \frac{1}{n}x^n + \cdots$$

$$\frac{1}{x-\alpha} = -\frac{1}{\alpha} - \frac{1}{\alpha^2}x - \frac{1}{\alpha^3}x^2 - \cdots - \frac{1}{\alpha^{n+1}}x^n - \cdots \quad (\alpha \neq 0)$$

積 分 法

表 1　主な関数の導関数と原始関数

$f(x) = F'(x)$	$F(x) = \int f(x)\,dx$
$x^\alpha\ (\alpha \neq -1)$	$\dfrac{1}{\alpha+1}x^{\alpha+1}$
$\dfrac{1}{x}$	$\log|x|$
$a^x\ (a>0)$	$\dfrac{1}{\log a}a^x$
$\cos x$	$\sin x$
$\sin x$	$-\cos x$
$\tan x$	$-\log|\cos x|$
$\dfrac{1}{x^2+a^2}$	$\dfrac{1}{a}\arctan\left(\dfrac{x}{a}\right)$
$\dfrac{1}{\sqrt{a^2-x^2}}\quad (a>0)$	$\arcsin\left(\dfrac{x}{a}\right)$
$\dfrac{-1}{\sqrt{a^2-x^2}}\quad (a>0)$	$\arccos\left(\dfrac{x}{a}\right)$
$\dfrac{1}{\sqrt{x^2+a}}$	$\log\left|x+\sqrt{x^2+a}\right|$
$\sqrt{a^2-x^2}\quad (a>0)$	$\dfrac{1}{2}\left(x\sqrt{a^2-x^2} + a^2\arcsin\left(\dfrac{x}{a}\right)\right)$
$\sqrt{x^2+a}$	$\dfrac{1}{2}\left(x\sqrt{x^2+a} + a\log\left|x+\sqrt{x^2+a}\right|\right)$

部分積分法： $\displaystyle\int f'(x)g(x)\,dx = f(x)g(x) - \int f(x)g'(x)\,dx$

置換積分法： $\displaystyle\int f(x)\,dx = \int f(g(t))g'(t)\,dt$

ガンマ関数の定義： $\displaystyle\Gamma(s) = \int_0^\infty x^{s-1}e^{-x}\,dx$

ガンマ関数の主な性質： $\Gamma(s+1) = s\Gamma(s),$
$$\Gamma(n+1) = n! \quad (n=1,2,3,\cdots),$$
$$\Gamma\left(\tfrac{1}{2}\right) = \sqrt{\pi}.$$

常微分方程式の解法集

変数分離形： $y' = f(x)g(y)$ の解は
$$\int \frac{1}{g(y)}\,dy = \int f(x)\,dx,$$
および，$g(y_0) = 0$ なる y_0 に値をとる定数関数 $y = y_0$.

同 次 形： $y' = f\left(\dfrac{y}{x}\right)$ は $u = \dfrac{y}{x}$ とおくと，次の変数分離形に帰着できる．
$$u' = \frac{1}{x}(f(u) - u)$$

1 階線形微分方程式： $y' + P(x)y = Q(x)$ の解は
$$y = e^{-r(x)}\left(\int e^{r(x)}Q(x)\,dx + C\right), \quad \text{ただし} \quad r(x) = \int P(x)\,dx.$$

ベルヌーイ型： $y' + P(x)y = Q(x)y^\alpha \ (\alpha \neq 0,1)$ は $u = y^{1-\alpha}$ とおくと，次の 1 階線形微分方程式に帰着できる．
$$u' + (1-\alpha)P(x)u = (1-\alpha)Q(x)$$

完全微分方程式： $M(x,y)\,dx + N(x,y)\,dy = 0$ は $\dfrac{\partial}{\partial y}M(x,y) = \dfrac{\partial}{\partial x}N(x,y)$ を満たすとき完全微分方程式となる．その解は
$$g(x,y) = \int M(x,y)\,dx$$
とおけば
$$g(x,y) + \int \left\{N(x,y) - \frac{\partial}{\partial y}g(x,y)\right\}dy = C \quad (C \text{ は任意定数})$$
と求められる．

問と章末問題の解答

(以下において，$C, C_1, C_2, \cdots$ 等は特に断りがなければ任意定数を表す.)

第1章の問

1.1. (1) $y = \dfrac{1}{3}\sin 3x + C$ (2) $y = \dfrac{1}{6}\cos 6x + C$ (3) $y = \dfrac{1}{2}\dfrac{\sin 2x}{\cos 2x} + C$
(4) $y = -\dfrac{1}{4}\dfrac{\cos 4x}{\sin 4x} + C$ (5) $y = \log(x^2 + 9) + C$ (6) $y = \dfrac{1}{3}\arctan\dfrac{x}{3} + C$
(7) $y = 2\sqrt{25 - x^2} + C$ (8) $y = \arcsin\dfrac{x}{5} + C$
(9) $y = \log(x + \sqrt{x^2 + 25}) + C$
(10) $y = \dfrac{1}{2}x\sqrt{4x^2 + 1} + \dfrac{1}{4}\log(2x + \sqrt{4x^2 + 1}) + C$

1.2. (1) $y = \tan(2\log(x^2 + 1) + C)$ (2) $y = 2 + Ce^{-3x}$
(3) $(y - 1)e^y = e^x + C$

1.3. (1) $y = \dfrac{x + 2 - Cxe^{2x}}{Ce^{2x} - 1}$ (2) $y = -\dfrac{2}{3}x - \dfrac{\sqrt{6}}{9}\tan(-\sqrt{6}x + C)$

1.4. (1) $y = x\log x + Cx$ (2) $y = x\tan(\log x + C)$
(3) $\log(x^2 + y^2) + 2\arctan\dfrac{y}{x} = C$ (4) $y = \dfrac{\sqrt{C - x^2} \pm 1}{\sqrt{C - x^2}}x$
(5) $y = x\arcsin(\log x + C)$

1.5. $y' = -\dfrac{x}{2y}$ を解いて $\dfrac{x^2}{2} + y^2 = C$.

1.6. $y = -\dfrac{3}{2}x + \dfrac{5}{2} - \dfrac{1}{2C}\sqrt{13C^2(x-1)^2 + 4}$

1.7. $y = x + C\dfrac{1}{x}$ **1.8.** $y^{-2} = (C - 2x)e^{-x^2}$ **1.9.** 略.

第1章の章末問題

1. (1) $y = Ce^{-\frac{1}{2}x^2}$ (2) $y = x - 1 + Ce^{-x}$ (3) $y = x\log|x| + Cx$
(4) $y = \dfrac{1}{x} + C\dfrac{1}{xe^{x^2}}$ (5) $y = -\dfrac{1}{2}(\cos x + \sin x) + Ce^x$ (6) $y = e^{-\sin x}(x + C)$
(7) $y^2 = 1 + Ce^{-x^2}$ (8) $y^{-4} = \dfrac{C}{x^2} - 4x^3$

2. 一般解の形より $y' = Ca'(x) + b'(x)$. この式と与式より C を消去して
$y' - \dfrac{a'(x)}{a(x)}y = b'(x) - \dfrac{a'(x)}{a(x)}b(x)$. これは1階線形微分方程式である.

3. この微分方程式の一般解は
$$y(x) = \{C - (\alpha - 1)x\}^{-\frac{1}{\alpha-1}},$$
ただし C は正定数．よって $x_0 = \dfrac{C}{\alpha - 1}$ に対して $\displaystyle\lim_{x \to x_0 - 0} y(x) = \infty$．

4. (1) u の満たす微分方程式は $u' = p(x)u^2 + (2p(x)y_0(x) + q(x))u$．
(2) $z = u^{-1}$ とおくと，z は1階線形微分方程式 $z' + (2p(x)y_0(x) + q(x))z = -p(x)$ を満たす．これを用いて
$$y = y_0(x) + e^{A(x)}\left[C - \int p(x)e^{A(x)}\,dx\right]^{-1}.$$
ただし，$A(x) = \displaystyle\int (2p(x)y_0(x) + q(x))\,dx$ である．

5. この微分方程式はベルヌーイ型（もしくは変数分離形）．よって具体的に解くことができて，$b - aN \neq 0$ のときは
$$y(x) = \frac{(aN - b)n}{(aN - b)e^{(b-aN)x} + na\{1 - e^{(b-aN)x}\}}.$$
$b = aN$ のときは $y(x) = \dfrac{n}{nax + 1}$．

6. (1) 完全形である．$x^2 y + y = C$ (2) 完全形でない．（変数分離形で解いて）$y = Cx^2$ (3) 完全形でない．$\log|\cos y| = -x + C_1 \Longleftrightarrow e^x \cos y = C$
(4) 完全形でない．$2\log|y| = -2\log|x| - x + C_1 \Longleftrightarrow x^2 y^2 e^x = C$
(5) 完全形である．$x^2 y + xe^y = C$ (6) 完全形である．$x^2 y^2 + y\sin x = C$
(7) 完全形である．$x^4 - e^{xy} = C$ (8) 完全形である．$x^2 + 2e^x + y^2 = C$
(9) 完全形である．$x^2 + \sin y + e^{xy} = C$

7. (1) $\dfrac{\partial}{\partial y}(y - 3x^2 - 2) = 1 = \dfrac{\partial}{\partial x}(x - y^2 - 2y)$ より完全形である．$xy - x^3 - 2x - \dfrac{1}{3}y^3 - y^2 = C$ (2) $\dfrac{\partial}{\partial y}(2x\sin y + e^x \cos y) = 2x\cos y - e^x \sin y = \dfrac{\partial}{\partial x}(x^2 \cos y - e^x \sin y)$ より完全形である．$x^2 \sin y + e^x \cos y = C$

8. (1) $a = 2$, $x^2 y + \sin y = C$ (2) $a = \dfrac{3}{2}$, $x^2 y^3 = C$

9. (1) $\lambda(x, y) = x$, $x^2 y = C$ (2) $\lambda(x, y) = (xy)^{-1}$, $y = Cx^2$
(3) $\lambda(x, y) = (xy)^{-1}$, $x^2 y^2 e^x = C$ (4) $\lambda(x, y) = e^x$, $e^x \cos y = C$
(5) $\lambda(x, y) = y$, $y\cos(xy) = C$
(6) $\lambda(x, y) = y^{-4}$, $x^2 e^y + \dfrac{x^2}{y} + \dfrac{x}{y^3} = C$

10. (1) $\lambda(x, y) = x$, $3x^4 + 4x^3 + 6x^2 y^2 = C$ (2) $\lambda(x, y) = y^{-1}(x^2 - y^2)^{-1}$, $\dfrac{1}{2}\log\left(\dfrac{x - y}{x + y}\right) + \log y = C_1 \Longleftrightarrow (x - y)y^2 = C(x + y)$ (3) $\lambda(x, y) =$

問と章末問題の解答   189

$(3x^3y^3)^{-1}$, $\dfrac{1}{3}\log x - \dfrac{1}{3x^2y^2} - \dfrac{2}{3}\log y = C_1 \iff x = Cy^2 \exp\left(\dfrac{1}{x^2y^2}\right)$

第2章の問

2.1. ロンスキー行列式を計算して定理 2.3 を適用する．
(1) 1 次独立である． (2) 1 次独立である． (3) 1 次独立である．
(4) 1 次従属である． (5) 1 次独立である． (6) 1 次独立である．
(7) 1 次独立である．

2.2. $y = x$ を代入して解であることがわかる．公式 (2.16) を用いて，

$$y = Ax \int e^{2\log|x|} x^{-2}\,dx$$

$$= Ax \int x^2 x^{-2}\,dx = Ax^2 + Bx \quad (A, B \text{ は任意定数}).$$

第2章の章末問題

1. (1) $y' = \sqrt{x^2+1} - 1$ を経て，$y = \dfrac{1}{2}\{x\sqrt{x^2+1} + \log(x + \sqrt{x^2+1})\} - x$．
(2) 1 階線形微分方程式の解法を適用し，$y' = \dfrac{-1}{x^2(x^2+1)} + \dfrac{1}{x^2+1}$ を経て，$y = \dfrac{1}{x} + 2\arctan x - \dfrac{\pi}{2}$.
(3) $y' = \pm\sqrt{2y^{-2}-1}$ を経て，$x + \sqrt{2-y^2} = 1$ を得る．解曲線をグラフに描いてみよう．

2. ロンスキー行列式を計算して定理 2.3 を適用する．
(1) 1 次従属である． (2) 1 次独立である． (3) 1 次従属である． (4) 1 次独立である．

3. (1) $k \neq l$ (2) $n \neq 0$ (3) $k \neq \pm l, k \neq 0, l \neq 0$ (4) $n \neq 0$
(5) $n \neq 0$ (6) $l \neq 0$

4. ロンスキー行列式を計算して定理 2.3 を適用し，1 次独立であることがいえる．

5. $W(z_1, z_2)(x) = (ad - bc) \cdot W(y_1, y_2)(x)$ よりわかる．

6. (2) (1) により $z(x) = y' + xy = C_1 e^{-x}$. さらに，この 1 階線形微分方程式を解いて

$$y(x) = C_2 e^{-x^2/2} + C_1 e^{-x^2/2} \int e^{-x + x^2/2}\,dx.$$

7. (1) $y_h = C_1 x + C_2 x^{-1}$
(2) $y = y_p = \sin x$ を代入して方程式が成り立つことがいえる．
(3) $y = \sin x + C_1 x + C_2 x^{-1}$

8. (1) $y = x^2$ を代入して解であることがわかる．公式 (2.16) を用いて，

$$y = Ax^2 \int e^{3\log|x|} x^{-4}\,dx$$

$$= Ax^2(\log|x| + C) = Ax^2 \log|x| + Bx^2 \quad (A, B, C \text{ は任意定数}).$$

(2) 上と同様に,
$$y = Ae^{2x}\int x^4 x^{-4} dx = Axe^{2x} + Be^{2x} \quad (A, B \text{ は任意定数}).$$

9. 求める微分方程式を $y'' + p(x)y' + q(x)y = 0$ とおいて, $p(x), q(x)$ をうまく見いだせばよい. y_1, y_2 がこれの解なので
$$y_1'' + py_1' + qy_1 = 0, \quad y_2'' + py_2' + qy_2 = 0,$$

つまり
$$\begin{pmatrix} y_1' & y_1 \\ y_2' & y_2 \end{pmatrix} \begin{pmatrix} p \\ q \end{pmatrix} = \begin{pmatrix} -y_1'' \\ -y_2'' \end{pmatrix}.$$

左辺の行列の行列式は $-W(y_1, y_2)(x) \neq 0$ なので p, q が求まり, 求める方程式は
$$y'' + \frac{y_1'' y_2 - y_1 y_2''}{y_1 y_2' - y_1' y_2} y' + \frac{y_1' y_2'' - y_1'' y_2'}{y_1 y_2' - y_1' y_2} y = 0.$$

10. 略

第 3 章の問

3.1. (1) $y = C_1 e^x + C_2 e^{-3x}$　(2) $y = C_1 e^{-3x} + C_2 x e^{-3x}$
(3) $y = C_1 e^{2x} + C_2 e^{-2x}$　(4) $y = C_1 e^{-x} + C_2 \sin 2x + C_3 \cos 2x$

3.2. $y = \dfrac{1}{16} e^{2x} + C_1 e^{-2x} + C_2 x e^{-2x}$

3.3. $y = -\dfrac{5}{78} \cos 3x + \dfrac{1}{78} \sin 3x + C_1 e^{2x} + C_2 e^{-3x}$

3.4. $y = x^3 - 6x + C_1 \cos x + C_2 \sin x$

3.5. $y = \dfrac{5x - 7}{50} \cos x - \dfrac{10x + 1}{50} \sin x + C_1 e^{-x} + C_2 e^{3x}$

3.6. $y = \log x + 2 + C_1 x + C_2 x \log x$

第 3 章の章末問題

1. (1) $e^{-3x}, \ e^{-6x}$　(2) $e^{4x}, \ x e^{4x}$　(3) $e^{-x} \cos 2x, \ e^{-x} \sin 2x$
(4) $e^x, \ e^{-x}, \ x e^{-x}$　(5) $e^{2x}, \ x e^{2x}, \ x^2 e^{2x}$　(6) $e^x, \ e^{2x} \cos \sqrt{3} x, \ e^{2x} \sin \sqrt{3} x$

2. $a > 0$ かつ $b > 0$

3. (1) $y = -\dfrac{1}{2} x - \dfrac{1}{4} + C_1 e^{-x} + C_2 e^{2x}$

(2) $y = -\dfrac{1}{3} x + \dfrac{2}{9} + C_1 e^{-x} + C_2 e^{3x}$

(3) $y = -\dfrac{1}{12} x^3 - \dfrac{1}{8} x + C_1 + C_2 e^{2x} + C_3 e^{-2x}$

(4) $y = \dfrac{1}{12} x^2 - \dfrac{5}{36} x + C_1 + C_2 e^{-3x} + C_3 e^{-2x}$

(5) $y = -x^2 + C_1 e^x + C_2 e^{-x} + C_3 \cos x + C_4 \sin x$

4. (1) $y = -\dfrac{1}{2}e^{-5x} + Ce^{-3x}$ (2) $y = \dfrac{1}{3}e^{2x} + C_1 e^x + C_2 e^{-x}$

(3) $\dfrac{3}{50}\cos x + \dfrac{2}{25}\sin x + C_1 e^{3x} + C_2 x e^{3x}$

(4) $-\dfrac{1}{20}\cos 2x + \dfrac{3}{20}\sin 2x + C_1 e^{-x} + C_2 e^{-2x}$

5. (1) $y = -\dfrac{2x+1}{4}e^x + C_1 e^{-x} + C_2 e^{2x}$ (2) $y = \dfrac{1}{2}x^2 e^{2x} + C_1 e^x + C_2 e^{2x}$

(3) $y = \dfrac{1}{12}x^4 e^{2x} + C_1 e^{2x} + C_2 x e^{2x}$ (4) $y = e^x \sin x - x e^x \cos x + C e^x$

6. (1) $y = \dfrac{4}{15}x^2 \sqrt{x} e^{-2x} + C_1 e^{-2x} + C_2 x e^{-2x}$ (2) $y = -\dfrac{1}{8}x^2 + C_1 x^4 + C_2 \dfrac{1}{x^2}$

7. $k > \dfrac{1}{4}$

第 4 章の問　(以下，c_1, c_2 は任意定数)

4.1. (1) 一般解は，$\begin{pmatrix} x_1 \\ x_2 \end{pmatrix} = \begin{pmatrix} -2e^{-t} & -3e^{-2t} \\ e^{-t} & e^{-2t} \end{pmatrix} \begin{pmatrix} c_1 \\ c_2 \end{pmatrix}$.

(2) 一般解は，$\begin{pmatrix} x_1 \\ x_2 \end{pmatrix} = \begin{pmatrix} 2e^{2t} & 2te^{2t} - 3e^{2t} \\ -3e^{2t} & -3te^{2t} + 5e^{2t} \end{pmatrix} \begin{pmatrix} c_1 \\ c_2 \end{pmatrix}$.

(3) 一般解は，$\begin{pmatrix} x_1 \\ x_2 \end{pmatrix} = c_1 e^{2t} \begin{pmatrix} -3\sin 3t + \cos 3t \\ 5\cos 3t \end{pmatrix} + c_2 e^{2t} \begin{pmatrix} \sin 3t + 3\cos 3t \\ 5\cos 3t \end{pmatrix}$.

4.2. 一般解は，$\begin{pmatrix} x_1 \\ x_2 \end{pmatrix} = \begin{pmatrix} c_1(4e^t - 3e^{-t}) + c_2(-2e^t + 2e^{-t}) + e^t \\ c_1(6e^t - 6e^{-t}) + c_2(-3e^t + 4e^{-t}) + 2e^t \end{pmatrix}$.

第 4 章の章末問題　(以下，c_1, c_2 は任意定数)

1. (1) 一般解は，$\begin{pmatrix} x_1 \\ x_2 \end{pmatrix} = c_1 e^{\frac{5}{4}t} \begin{pmatrix} \sqrt{111}\sin \frac{\sqrt{111}}{4}t - 3\cos \frac{\sqrt{111}}{4}t \\ 6\cos \frac{\sqrt{111}}{4}t \end{pmatrix}$

$\qquad\qquad + c_2 e^{\frac{5}{4}t} \begin{pmatrix} -3\sin \frac{\sqrt{111}}{4}t - \sqrt{111}\cos \frac{\sqrt{111}}{4}t \\ 6\sin \frac{\sqrt{111}}{4}t \end{pmatrix}$.

(2) 一般解は，$\begin{pmatrix} x_1 \\ x_2 \end{pmatrix} = \begin{pmatrix} -2 & -6e^{-2t} \\ 1 & e^{-2t} \end{pmatrix} \begin{pmatrix} c_1 \\ c_2 \end{pmatrix}$.

(3) 次の微分方程式と同値である．

$$\begin{pmatrix} x_1 \\ x_2 \end{pmatrix}' = A \begin{pmatrix} x_1 \\ x_2 \end{pmatrix} + \boldsymbol{f}(t), \quad A = \begin{pmatrix} \frac{7}{5} & -\frac{3}{5} \\ \frac{1}{5} & \frac{1}{5} \end{pmatrix}, \quad \boldsymbol{f}(t) = \begin{pmatrix} -\frac{3+e^{2t}}{5} \\ \frac{6+2e^{2t}}{5} \end{pmatrix}.$$

このとき，

$$e^{tA} = \begin{pmatrix} \frac{3}{2}e^{\frac{4+\sqrt{6}}{5}t} - \frac{1}{2}e^{\frac{4-\sqrt{6}}{5}t} & -\frac{3+\sqrt{6}}{2}e^{\frac{4+\sqrt{6}}{5}t} + \frac{3+\sqrt{6}}{2}e^{\frac{4-\sqrt{6}}{5}t} \\ \frac{3-\sqrt{6}}{2}e^{\frac{4+\sqrt{6}}{5}t} - \frac{3-\sqrt{6}}{2}e^{\frac{4-\sqrt{6}}{5}t} & -\frac{1}{2}e^{\frac{4+\sqrt{6}}{5}t} + \frac{3}{2}e^{\frac{4-\sqrt{6}}{5}t} \end{pmatrix}.$$

よって，解表現
$$\begin{pmatrix} x_1 \\ x_2 \end{pmatrix} = e^{tA} \left(\int e^{-tA} \boldsymbol{f}(t)\, dt + \begin{pmatrix} c_1 \\ c_2 \end{pmatrix} \right)$$
により一般解が求まる．

(4) 次の微分方程式と同値である．
$$\begin{pmatrix} x_1 \\ x_2 \end{pmatrix}' = A \begin{pmatrix} x_1 \\ x_2 \end{pmatrix} + \boldsymbol{f}(t), \quad A = \begin{pmatrix} 0 & -1 \\ -1 & 0 \end{pmatrix}, \quad \boldsymbol{f}(t) = \begin{pmatrix} \sin t + \cos t \\ \sin t - \cos t \end{pmatrix}.$$

このとき，
$$e^{tA} = \frac{1}{2} \begin{pmatrix} e^t + e^{-t} & -e^t + e^{-t} \\ -e^t + e^{-t} & e^t + e^{-t} \end{pmatrix}.$$

よって，解表現
$$\begin{pmatrix} x_1 \\ x_2 \end{pmatrix} = e^{tA} \left(\int e^{-tA} \boldsymbol{f}(t)\, dt + \begin{pmatrix} c_1 \\ c_2 \end{pmatrix} \right)$$
により一般解が求まる．

2. (1) 一般解は，
$$\begin{pmatrix} x_1 \\ x_2 \end{pmatrix} = c_1 e^{2t} \begin{pmatrix} \sqrt{26} \sin \frac{\sqrt{26}}{2} t - 2 \cos \frac{\sqrt{26}}{2} t \\ 3 \cos \frac{\sqrt{26}}{2} t \end{pmatrix}$$
$$+ c_2 e^{2t} \begin{pmatrix} -2 \sin \frac{\sqrt{26}}{2} t - \sqrt{26} \cos \frac{\sqrt{26}}{2} t \\ 3 \sin \frac{\sqrt{26}}{2} t \end{pmatrix}.$$

初期条件より，$c_1 = \dfrac{2}{3}$, $c_2 = -\dfrac{7\sqrt{26}}{78}$．

(2) 次の微分方程式と同値である．
$$\begin{pmatrix} x_1 \\ x_2 \end{pmatrix}' = A \begin{pmatrix} x_1 \\ x_2 \end{pmatrix} + \boldsymbol{f}(t), \quad A = \begin{pmatrix} 2 & 3 \\ -\frac{1}{2} & 1 \end{pmatrix}, \quad \boldsymbol{f}(t) = \begin{pmatrix} -3t^2 + 2t \\ \frac{-t^2 + t + 3}{2} \end{pmatrix}.$$

A の固有値は $\lambda = \dfrac{3 \pm \sqrt{5}i}{2}$ で，$P = \begin{pmatrix} 6 & 6 \\ -1 + \sqrt{5}i & -1 - \sqrt{5}i \end{pmatrix}$ とおくと，$P^{-1}AP = D = \begin{pmatrix} \frac{3+\sqrt{5}i}{2} & 0 \\ 0 & \frac{3-\sqrt{5}i}{2} \end{pmatrix}$．これより $e^{tA} = P e^{tD} P^{-1}$ が計算され，解表現
$$\begin{pmatrix} x_1 \\ x_2 \end{pmatrix} = e^{tA} \left(\int e^{-tA} \boldsymbol{f}(t)\, dt + \begin{pmatrix} c_1 \\ c_2 \end{pmatrix} \right)$$
により一般解が求まる．さらに，初期条件 $x_1(0) = x_2(0) = 0$ より求める特殊解が得られる．

(3) 次の微分方程式と同値である．
$$\begin{pmatrix} x_1 \\ x_2 \end{pmatrix}' = A \begin{pmatrix} x_1 \\ x_2 \end{pmatrix} + \boldsymbol{f}(t), \quad A = \begin{pmatrix} 3 & -2 \\ \frac{3}{2} & -1 \end{pmatrix}, \quad \boldsymbol{f}(t) = \begin{pmatrix} e^{2t} \\ 3e^{2t} \end{pmatrix}.$$

A の固有値は $\lambda = 0, 2$ で，$P = \begin{pmatrix} 2 & 2 \\ 3 & 1 \end{pmatrix}$ とおくと，$P^{-1}AP = D = \begin{pmatrix} 0 & 0 \\ 0 & 2 \end{pmatrix}$．これより $e^{tA} = P e^{tD} P^{-1}$ が計算され，解表現

$$\begin{pmatrix} x_1 \\ x_2 \end{pmatrix} = e^{tA} \left(\int e^{-tA} \boldsymbol{f}(t)\, dt + \begin{pmatrix} c_1 \\ c_2 \end{pmatrix} \right)$$

により一般解が求まる．さらに，初期条件 $x_1(0) = 0$, $x_2(0) = 1$ より求める特殊解が得られる．

3.
$$x_1' = a_{11} x_1 + a_{12} x_2 + f_1(t), \tag{1}$$
$$x_2' = a_{21} x_1 + a_{22} x_2 + f_2(t). \tag{2}$$

(1) を微分して，(1), (2) を用いると，

$$x_1'' = a_{11} x_1' + a_{12} x_2' + f_1'(t)$$
$$= a_{11} x_1' + a_{12}(a_{21} x_1 + a_{22} x_2 + f_2(t)) + f_1'(t)$$
$$= a_{11} x_1' + a_{12} a_{21} x_1 + a_{22}(x_1' - a_{11} x_1 - f_1(t)) + a_{12} f_2(t) + f_1'(t).$$

よって，

$$x_1'' - (a_{11} + a_{22}) x_1' + (a_{11} a_{22} - a_{12} a_{21}) x_1 = a_{12} f_2(t) + f_1'(t) - a_{22} f_1(t).$$

同様にして，

$$x_2'' - (a_{11} + a_{22}) x_2' + (a_{11} a_{22} - a_{12} a_{21}) x_2 = a_{21} f_1(t) + f_2'(t) - a_{11} f_2(t)$$

が導かれる．

第 5 章の問

5.1. (1) $R = 27$ (2) $R = 1$
5.2. $y = c_1 x + c_2(x \tan^{-1} x + 1)$ (c_1, c_2 は任意定数)

第 5 章の章末問題

1. (1) $a_n = \dfrac{(-1)^n}{(2n)!}$ とおくとき，$\left| \dfrac{a_n}{a_{n+1}} \right| = (2n+2)(2n+1) \to \infty \ (n \to \infty)$．よって，収束半径 $R = \infty$．

(2) $a_n = \dfrac{(2n)!}{(n!)^3}$ とおくとき，$\left| \dfrac{a_n}{a_{n+1}} \right| = \dfrac{(n+1)^3}{(2n+2)(2n+1)} \to \infty \ (n \to \infty)$．よって，収束半径 $R = \infty$．

(3) $a_n = \dfrac{1}{n!}$ とおくとき，$\left| \dfrac{a_n}{a_{n+1}} \right| = n+1 \to \infty \ (n \to \infty)$．よって，収束半径 $R = \infty$．

2. (1) $y = \sum\limits_{n=0}^{\infty} a_n(x+2)^n$ とおく．$y' = \sum\limits_{n=1}^{\infty} na_n(x+2)^{n-1}$ であり，方程式に代入して，

$$\sum_{n=1}^{\infty} na_n(x+2)^n - 3\sum_{n=0}^{\infty} a_n(x+2)^n = \sum_{n=0}^{\infty} (n-3)a_n(x+2)^n = 0.$$

$(x+2)^n$ の各係数を0とおくと，$n \neq 3$ ならば $a_n = 0$．よって一般解は $y = a_3(x+2)^3$ (a_3 は任意定数) となる．

(2) $y = \sum\limits_{n=0}^{\infty} a_n x^n$ とおく．$y' = \sum\limits_{n=1}^{\infty} na_n x^{n-1}$ であり，方程式に代入して，

$$\sum_{n=1}^{\infty} na_n x^{n-1} - 4\sum_{n=0}^{\infty} a_n x^{n+2} = \sum_{n=0}^{\infty} (n+1)a_{n+1} x^n - 4\sum_{n=2}^{\infty} a_{n-2} x^n$$
$$= a_1 + 2a_2 x + \sum_{n=2}^{\infty} \{(n+1)a_{n+1} - 4a_{n-2}\} x^n = 0.$$

各 x^n の係数を0とおくと，$a_1 = a_2 = 0$, $(n+3)a_{n+3} - 4a_n = 0$ $(n=0,1,\cdots)$. これを解いて，$a_{3m} = \dfrac{1}{m!}\left(\dfrac{4}{3}\right)^m a_0$, $a_{3m+1} = a_{3m+2} = 0$ $(m=0,1,\cdots)$．よって一般解は，$y = a_0 \sum\limits_{m=0}^{\infty} \dfrac{1}{m!}\left(\dfrac{4}{3}\right)^m x^{3m} = a_0 e^{\frac{4}{3}x^3}$ (a_0 は任意定数) となる．

(3) $y = \sum\limits_{n=0}^{\infty} a_n x^n$ とおくと，$y' = \sum\limits_{n=1}^{\infty} na_n x^{n-1}$, $y'' = \sum\limits_{n=2}^{\infty} n(n-1)a_n x^{n-2}$ となり，方程式に代入して，

$$\sum_{n=2}^{\infty} n(n-1)a_n x^{n-2} + 9\sum_{n=0}^{\infty} a_n x^n = \sum_{n=0}^{\infty} (n+2)(n+1)a_{n+2} x^n + 9\sum_{n=0}^{\infty} a_n x^n$$
$$= \sum_{n=0}^{\infty} \{(n+2)(n+1)a_{n+2} + 9a_n\} x^n = 0.$$

各 x^n の係数を0とおくと，$(n+2)(n+1)a_{n+2} + 9a_n = 0$ $(n=0,1,\cdots)$. a_0, a_1 を任意定数としてこの漸化式を解くと，$a_{2m} = \dfrac{(-9)^m}{(2m)!} a_0$, $a_{2m+1} = \dfrac{(-9)^m}{(2m+1)!} a_1$ $(m=0,1,\cdots)$．よって一般解は，

$$y = \sum_{m=0}^{\infty} a_{2m} x^{2m} + \sum_{m=0}^{\infty} a_{2m+1} x^{2m+1}$$
$$= a_0 \sum_{m=0}^{\infty} \frac{(-1)^m}{(2m)!}(3x)^{2m} + \frac{a_1}{3} \sum_{m=0}^{\infty} \frac{(-1)^m}{(2m+1)!}(3x)^{2m+1}$$
$$= a_0 \cos 3x + \frac{a_1}{3} \sin 3x$$

となる．

(4) 一般解は，$y = c_0 x + c_1 \left(1 - \sum\limits_{n=1}^{\infty} \dfrac{1}{2n-1} x^{2n}\right)$.

問と章末問題の解答   195

3. (1) $P_0(x) = 1$, $P_1(x) = x$, $P_2(x) = -\dfrac{1}{2} + \dfrac{3}{2}x^2$, $P_3(x) = -\dfrac{3}{2}x + \dfrac{5}{2}x^3$,
$P_4(x) = \dfrac{3}{16} - \dfrac{15}{4}x^2 + \dfrac{35}{8}x^4$.

(2) $(x^2-1)^k$ を 2 項展開し,各項の k 回微分を実行した後,$P_k(x)$ の表現式 (5.8) と比較すればよい.

4. (1) $\lambda < 0$ のとき一般解は $y = c_1 e^{\sqrt{-\lambda}x} + c_2 e^{-\sqrt{-\lambda}x}$ であり,$y' = c_1\sqrt{-\lambda}e^{\sqrt{-\lambda}x} - c_2\sqrt{-\lambda}e^{-\sqrt{-\lambda}x}$.よって $y(0) = y'(l) = 0$ より,$c_1 + c_2 = 0$, $c_1\sqrt{-\lambda}e^{\sqrt{-\lambda}l} - c_2\sqrt{-\lambda}e^{-\sqrt{-\lambda}l} = 0$. これを解いて,$c_1 = c_2 = 0$. よって自明解しかもたず,$\lambda < 0$ は固有値ではない.

$\lambda = 0$ のとき一般解は $y = c_1 x + c_2$ であり,$y' = c_1$. $y(0) = y'(l) = 0$ より $c_1 = c_2 = 0$. よって自明解しかもたず,$\lambda = 0$ は固有値ではない.

最後に,$\lambda > 0$ のとき一般解は $y = c_1 \cos\sqrt{\lambda}x + c_2 \sin\sqrt{\lambda}x$ であり,$y' = -c_1\sqrt{\lambda}\sin\sqrt{\lambda}x + c_2\sqrt{\lambda}\cos\sqrt{\lambda}x$. $y(0) = 0$ より $c_1 = 0$. また,$y'(l) = 0$ より $c_2\sqrt{\lambda}\cos\sqrt{\lambda}l = 0$. $c_2 \neq 0$ とすると $\cos\sqrt{\lambda}l = 0$. よって,固有値は $\lambda = \left\{\dfrac{\pi(2n+1)}{2l}\right\}^2$ ($n = 0, 1, \cdots$) であり,固有関数は $y = \sin\dfrac{\pi(2n+1)x}{2l}$ ($n = 0, 1, \cdots$).

(2) (1) と同様に計算すると,固有値 $\lambda = \left\{\dfrac{\pi(2n+1)}{2l}\right\}^2$ ($n = 0, 1, \cdots$) であり,固有関数 $y = \cos\dfrac{\pi(2n+1)x}{2l}$ ($n = 0, 1, \cdots$).

(3) (1) と同様に計算すると,固有値 $\lambda = \left(\dfrac{n\pi}{l}\right)^2$ ($n = 0, 1, \cdots$) であり,固有関数 $y = \cos\dfrac{n\pi x}{l}$ ($n = 0, 1, \cdots$).

第 6 章の問

6.5 (2) $\mathcal{L}[x] = \dfrac{a_0}{s} + \dfrac{a_1}{s^2} + \cdots + \dfrac{a_{n-1}}{s^n} + \dfrac{1}{s^n}\mathcal{L}[f]$

6.7 $x(t) = \left\{1 + (a+1)t + \dfrac{b}{2}t^2\right\}e^{-at}$

6.9 $x(t) = x_0 \cos\sqrt{\dfrac{k}{m}}t + v_0\sqrt{\dfrac{m}{k}}\sin\sqrt{\dfrac{k}{m}}t$

6.10 $x(t) = x_0 e^{-at}\cos t + (v_0 + ax_0)e^{-at}\sin t$

6.11 $x(t) = \dfrac{1}{2}te^{-2t}\cos t$

6.13 $f_3(t) = \dfrac{1}{(2\beta^2)^2}\left\{\dfrac{3-\beta^2 t^2}{2\beta}\sin\beta t - \dfrac{3}{2}t\cos\beta t\right\}$,

$f_4(t) = \dfrac{1}{(2\beta^2)^3}\left\{\left(\dfrac{5}{2\beta} - \beta t^2\right)\sin\beta t - \dfrac{1}{2}\left(5 - \dfrac{\beta^2 t^2}{3}\right)t\cos\beta t\right\}$

第6章の章末問題

1. (1) $\mathcal{L}[x] = \dfrac{1}{s(s-1)} + \dfrac{1}{s^2(s-1)}\mathcal{L}[1]$

$= -\dfrac{1}{s} + \dfrac{1}{s-1} + \left(-\dfrac{1}{s} - \dfrac{1}{s^2} + \dfrac{1}{s-1}\right)\mathcal{L}[1]$

から，$x(t) = 2e^t - \dfrac{t^2}{2} - t - 2$.

(2) $\mathcal{L}[x] = \dfrac{2}{3}\dfrac{1}{s-1} - \dfrac{1}{s+1} + \dfrac{1}{3}\dfrac{1}{s+2}$

$+ \left(\dfrac{1}{6}\dfrac{1}{s-1} - \dfrac{1}{2}\dfrac{1}{s+1} + \dfrac{1}{3}\dfrac{1}{s+2}\right)\mathcal{L}[1]$

から，$x(t) = \dfrac{5}{6}e^t - \dfrac{1}{2}e^{-t} + \dfrac{1}{6}e^{-2t} - \dfrac{1}{2}$.

(3) $\mathcal{L}[x] = \dfrac{s-3}{(s-1)^2(s-2)} + \dfrac{1}{(s-1)^2(s-2)}\mathcal{L}[1]$

$= -\dfrac{1}{s-1} + \dfrac{2}{(s-1)^2} - \dfrac{1}{s-2} + \left(-\dfrac{1}{s-1} - \dfrac{1}{(s-1)^2} + \dfrac{1}{s-2}\right)\mathcal{L}[1]$

から，$x(t) = te^t + e^t - \dfrac{1}{2}e^{2t} - \dfrac{1}{2}$.

(4) $\mathcal{L}[x] = \dfrac{s}{(s-1)^2(s+1)} + \dfrac{1}{(s-1)^2(s+1)}\mathcal{L}[1]$

$= -\dfrac{1}{2}\dfrac{1}{s-1} + \dfrac{1}{2}\dfrac{1}{(s-1)^2} + \dfrac{1}{2}\dfrac{1}{s+1}$

$+ \left(-\dfrac{1}{4}\dfrac{1}{s-1} + \dfrac{1}{2}\dfrac{1}{(s-1)^2} + \dfrac{1}{4}\dfrac{1}{s+1}\right)\mathcal{L}[1]$

から，$x(t) = te^t - \dfrac{1}{2}e^t - \dfrac{1}{2}e^{-t} + 1$.

(5) $\mathcal{L}[x] = \dfrac{s-\frac{3}{2}}{(s-1)^2(s-\frac{1}{2})} + \dfrac{1}{(s-1)^2(s-\frac{1}{2})}\mathcal{L}[1]$

$= \dfrac{4}{s-1} - \dfrac{1}{(s-1)^2} - \dfrac{4}{s-\frac{1}{2}} + \left(-\dfrac{4}{s-1} + \dfrac{2}{(s-1)^2} + \dfrac{4}{s-\frac{1}{2}}\right)\mathcal{L}[1]$

から，$x(t) = te^t - 2e^t + 4e^{\frac{t}{2}} - 2$.

第7章の問

7.1. (1) 平衡点は $(0,0), (0,2)$. (2) 平衡点は $(0,0), (2,0)$.
(3) 平衡点は $(0,0), (\pm 1, \pm 1)$. (4) 平衡点は $(0,-2), (1,-1)$.

7.2. 不安定

7.3. (1) $(0,0)$ は漸近安定，$(0,2)$ は不安定．
(2) $(0,0)$ は不安定，$(2,0)$ は漸近安定．

(3) $(\pm 1, \pm 1)$ はともに不安定．$(0,0)$ は (本節の結果だけからは) 判定不能．
(4) $(0,-2), (1,-1)$ はともに不安定．
7.4. 不安定

第7章の章末問題

1. (i) $a+b+1 \neq 0$ のとき：$(0,0), \left(\dfrac{a-b}{2}, \dfrac{b-a}{2}\right), \left(\dfrac{-b}{a+b+1}, \dfrac{a+1}{a+b+1}\right)$;

(ii) $a+b+1 = 0$ かつ $b \neq 0$ のとき：$(0,0), \left(\dfrac{a-b}{2}, \dfrac{b-a}{2}\right)$;

(iii) $a+b+1 = 0$ かつ $b = 0$, つまり $a = -1, b = 0$ のとき：$(0,0), \left(-\dfrac{1}{2}, \dfrac{1}{2}\right)$
および直線 $y = 1+x$ 上のすべての点．
2. $a < 0$
3. (1) 平衡点は $(0,0), (1,1)$. (2) $(0,0)$ は不安定，$(1,1)$ は漸近安定．
4. 平衡点は $\left(\dfrac{ar-cp}{br-cq}, \dfrac{bp-aq}{br-cq}\right)$ ただ一つで，これは漸近安定．

索　引

あ　行

アーベルの公式　38
安定渦状点　91
安定結節点　90
安定な平衡点　170
鞍点　89
1次従属　36
1次独立　36
1階線形微分方程式　15
一般解　2
x-等傾斜線　167
x-ヌルクライン　167
オイラー型の微分方程式　73
オイラーの定数　107
オイラーの等式　63
重み付き内積　110
重み付きノルム　110

か　行

解軌道　163
解曲線　88
階数　1
解析的　98
解の線形性　59
解の存在と一意性　34
重ね合わせの原理　148
渦心点　91
完全形　21
完全微分方程式　21
ガンマ関数　104

基本解　59
求積法　5
境界条件　110
虚数部分　63
クレロー型の微分方程式　19
クロネッカーのデルタ　78
原像　117
合成積　119
項別微分　97
コーシーの公式　122
コーシーの微分方程式　73
固有関数　111
　　──の直交性　95
固有値　111

さ　行

指数行列　77
実数部分　63
周期　165
周期解　165
収束　95
収束半径　96
常微分方程式　1
　　n階の──　1
初期時刻 (初期点)　3
初期条件　3
初期値　3
初期値問題　3
自律系　162
自励系　162

スツルム・リウヴィル方程式　111
　　——の境界値問題　95
スツルム・リウヴィル問題　111
正規形　1
正規系　109, 110
正規直交系　109, 110
斉次 (同次) 1 階線形微分方程式　15
斉次 (同次) 2 階線形微分方程式　34
斉次形　52
　　——の定数係数連立線形微分方程式　77
積分因子　24
摂動項　172
漸近安定　170
線形　17
線形演算子　119
線形近似　162, 169, 172
線形性　119
像　117
相図　88, 167
相平面　167

た　行

第一移動定理　126
第 1 種ベッセル関数　95
　s 次の——　104
第 2 種ベッセル関数　95
　0 次の——　107
　s 次の——　107
置換積分法　186
直交曲線　13
直交系　109, 110
直交する　109
直交性　114
定数係数線形微分方程式　52
定数係数連立線形微分方程式　77
　斉次形の——　81

非斉次形の——　91
定数変化法　16
テイラー展開　184
同次形　10
同次線形微分方程式　73
特異解　2
特殊解　2
特性多項式　58, 135, 147
特性方程式　53, 58, 147

な　行

内積　108
2 階線形微分方程式　34

は　行

発散　96
非斉次 1 階線形微分方程式　15
非斉次 (非同次) 2 階線形微分方程式　34
非斉次形　52
　——の解の形　61
　——の定数係数連立線形微分方程式　77
非斉次 (非同次) 項　15, 52
微分演算子　17, 55
微分作用素　17
微分方程式の解　2
　——の解析性　95
不安定渦状点　90
不安定結節点　88
不安定な平衡点　170
複素数値関数　63
部分積分法　186
部分分数分解定理　136
平衡点　88, 165
べき級数　95
　——による解法　95

索　引

ベッセルの微分方程式　95, 103
ベルヌーイ型の微分方程式　18
変数分離形　5
ベンディクソンの定理　180
ポアンカレ・ベンディクソンの定理
　　180
方程式系　162
補助方程式　16, 34

ま　行

マクローリン展開　184

や　行

余関数　16

ら　行

ライプニッツの公式　184
ラプラス変換　117
力学系　162, 163
リッカチ型方程式　27
ルジャンドルの多項式　95, 102
ルジャンドルの微分方程式　95, 100
ロトカ・ヴォルテラの捕食者−被捕食者
　　モデル　178
ロドリーグの公式　116
ロンスキー行列式　36

わ

y-ヌルクライン　167

著者紹介

宇佐美 広介
うさみ ひろゆき
現 在 岐阜大学工学部教授

齋藤 保久
さいとう やすひさ
現 在 島根大学大学院総合理工学研究科准教授

原下 秀士
はらした しゅうし
現 在 横浜国立大学大学院環境情報研究院准教授

眞中 裕子
まなか ひろこ
現 在 日本大学短期大学部助教

和田出 秀光
わだで ひでみつ
現 在 金沢大学理工研究域准教授

© 宇佐美広介・齋藤保久・原下秀士
　　眞中裕子・和田出秀光　　　2017

2017年 5 月10日　初 版 発 行
2024年 3 月22日　初版第 3 刷発行

理工系 微分方程式
解き方から基礎理論への入門

著　者　宇佐美広介
　　　　齋藤保久
　　　　原下秀士
　　　　眞中裕子
　　　　和田出秀光
発行者　山本　格

発 行 所　株式会社　培風館
東京都千代田区九段南 4-3-12・郵便番号 102-8260
電　話 (03) 3262-5256(代表)・振　替 00140-7-44725

三美印刷・牧 製本

PRINTED IN JAPAN

ISBN 978-4-563-01151-2　C3041